移动互联网开发技术丛书

Android AI
应用开发

基于Kotlin

孙芳 梁大业 张晶 编著

清华大学出版社
北京

内 容 简 介

人工智能技术方兴未艾，正日益融入我们生活的方方面面。AI 开放平台旨在方便开发者和企业通过 API 接入先进的 AI 能力(如语音识别、图像处理、自然语言处理和机器学习模型等)，以实现人工智能技术的快速部署和应用。本书介绍如何基于官方最新推荐的 Kotlin 编程语言并结合 AI 开放平台开发出创新的 Android AI 应用。

本书分为三部分，共 10 章，包括基础知识、Android 与 AI 实践和发布与高级技巧，全面简洁地介绍 Android 开发的基础知识以及如何利用 AI 开放平台进行开发实践的技术。全书内容由浅入深，案例丰富实用，易学、易用、易上手，实践部分通过图像识别、语音识别及 OCR 应用开发等项目帮助读者将所学知识更好地应用到实际开发中，快速培养独立完成基于 Android 的 AI 应用开发与迭代的能力。

本书可作为高等学校移动端开发以及人工智能实践相关课程的教材，也可供广大信息技术类专业的学习者参考使用，还可作为相关领域培训机构的教材。

图书在版编目（CIP）数据

Android AI 应用开发：基于 Kotlin/孙芳，梁大业，张晶编著. -- 北京：清华大学出版社，2025.4. --（移动互联网开发技术丛书）. -- ISBN 978-7-302-69194-5

Ⅰ. TN929.53

中国国家版本馆 CIP 数据核字第 20258T8E51 号

责任编辑：陈景辉
封面设计：刘　键
责任校对：李建庄
责任印制：曹婉颖

出版发行：清华大学出版社
  网　　址：https://www.tup.com.cn，https://www.wqxuetang.com
  地　　址：北京清华大学学研大厦 A 座　　　邮　　编：100084
  社 总 机：010-83470000　　　　　　　　　邮　　购：010-62786544
  投稿与读者服务：010-62776969，c-service@tup.tsinghua.edu.cn
  质量反馈：010-62772015，zhiliang@tup.tsinghua.edu.cn
  课件下载：https://www.tup.com.cn，010-83470236
印 装 者：三河市天利华印刷装订有限公司
经　　销：全国新华书店
开　　本：185mm×260mm　　**印　　张**：13.25　　　　　**字　　数**：321 千字
版　　次：2025 年 6 月第 1 版　　　　　　　　　　**印　　次**：2025 年 6 月第 1 次印刷
印　　数：1～1500
定　　价：59.90 元

产品编号：110047-01

前 言

PREFACE

随着人工智能技术的飞速发展,其在移动应用领域的应用也日益广泛。作为全球最大的移动操作系统,Android 平台以其开放性和灵活性成为人工智能技术的重要舞台。Kotlin 作为一种简洁、安全、功能强大的语言,与 Android 平台完美契合,为开发者提供了更高效、更灵活的开发体验。

本书旨在引导读者探索如何利用 Kotlin 这一现代化的编程语言,结合 AI 开放平台开发出创新的 Android AI 应用。

本书分为基础知识、Android 与 AI 实践和发布与高级技巧三部分,共 10 章,从 Android 开发基础知识到 AI 实践项目,以项目为驱动全面介绍基于 Android 的利用 AI 开放平台进行开发实践的技术。每章都首先给出本章的知识目标、技能目标和思维导图,以方便读者进行学习和概括总结。本书各部分主要内容如下。

第一部分　基础知识,包括第 1 章～第 3 章,介绍 Android 开发入门、Kotlin 基础、Android UI 设计。

第二部分　Android 与 AI 实践,包括第 4 章～第 7 章,介绍 AI 开放平台概述、密钥申请及项目架构搭建、图像识别应用开发、语音识别及 OCR 应用开发。

第三部分　发布与高级技巧,包括第 8 章~第 10 章,介绍性能优化和调试、打包构建与发布、应用的持续维护。

本书特色

(1) 知识架构合理,内容通俗易读。

全书从 Android 开发必备基础知识到 AI 项目实践以及高级技巧,由浅入深,逐层递进,知识架构合理,内容通俗易读。

(2) 项目案例丰富,巩固理论所学。

全书将丰富的案例与重难知识点相结合,叙述简洁、实用,力求从理论到实践,从基础到应用。

配套资源

为便于教与学,本书配有微课视频、源代码、教学课件、教学大纲、教案、习题题库、期末试卷及答案。

（1）获取微课视频方式：先刮开并用手机版微信 App 扫描本书封底的文泉云盘防盗码，授权后再扫描书中相应的视频二维码，观看教学视频。

（2）获取源代码和全书网址方式：先刮开并用手机版微信 App 扫描本书封底的文泉云盘防盗码，授权后再扫描下方二维码，即可获取。

源代码和全书网址

温馨提示：本书的全部示例及项目案例都在 Android 环境下经过编者的上机实践，结果运行无误。

（3）其他配套资源可以扫描本书封底的"书圈"二维码，关注后回复本书书号，即可下载。

读者对象

本书可作为高等学校移动端开发以及人工智能实践相关课程的教材，也可供广大信息技术类专业的学习者参考使用，还可作为相关领域培训机构的教材。

本书编者均是教学一线教师及资深企业架构师，具有多年教学实践及企业级开发架构实践经验。本书由孙芳、梁大业、张晶共同编著。孙芳对全书进行了统稿。

此外，由衷地感谢在本书编写过程中给予我们大力支持的家人、朋友和学生。

在本书的编写过程中，我们虽已尽可能做到知识内容表述的准确性与案例项目操作的实用性，但难免会有疏漏和错误，真诚欢迎读者朋友批评指正。

编　者

2025 年 1 月

目 录

CONTENTS

第一部分　基 础 知 识

第二部分 Android 与 AI 实践

第三部分 发布与高级技巧

第一部分

基 础 知 识

Android开发入门

视频讲解

知识目标

(1) 了解 Android 平台的发展史及优势。

(2) 熟悉 Android 平台的架构和组成部分。

(3) 熟悉 Android 应用项目结构。

技能目标

(1) 能够安装配置 Android 平台 IDE 及开发环境。

(2) 能够使用 Android Studio 创建一个简单项目。

思维导图

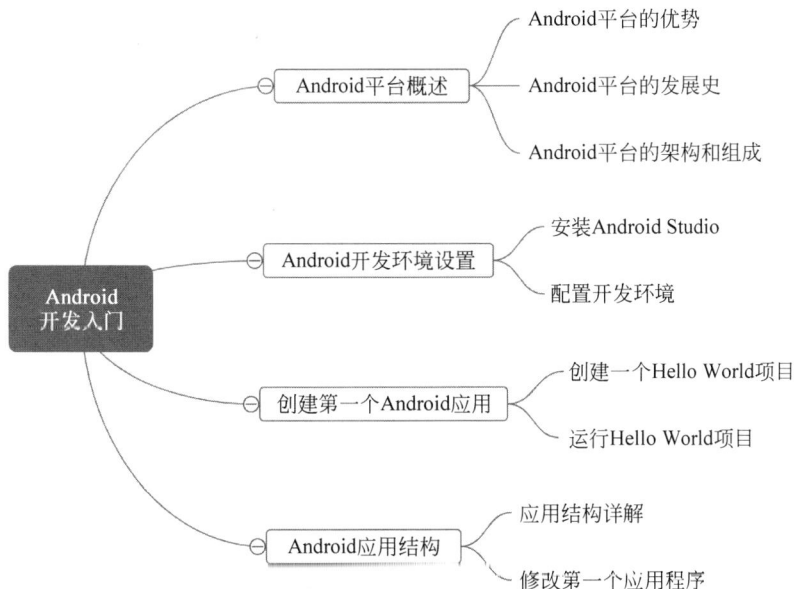

1.1 Android 平台概述

Android 是全球最流行的移动操作系统之一,由谷歌公司开发。它基于 Linux 内核,设计之初就是为了触摸屏移动设备如智能手机和平板电脑等。如今,Android 平台的应用场景已经非常广泛,覆盖了各个领域和行业。现在的 Android 不仅可以运行在智能手机和平板电脑上，还可以运行在智能手表、电视、汽车、眼镜等设备上，形成了一个庞大的生态系统。

Android 的优势在于它的开放性、灵活性和多样性，可以让开发者和用户根据自己的需求和喜好定制和创新。

1.1.1　Android 平台的优势

Android 平台的优势有如下 5 方面。

1．开放的源代码

Android 平台的一个关键优势在于其开放源代码的特性。这意味着任何人都可以查看 Android 的代码，可以修改它，并分发自己的版本。这种开放性鼓励了广泛的技术创新和快速的应用开发，因为开发者可以直接访问操作系统的底层代码，这对于创建具有高度定制化功能的应用程序至关重要。

2．开放的应用商店

随着 Android 的普及，Google Play 商店已经成为全球最大的应用商店之一，提供数百万款应用和游戏。此外，Android 的开放性也允许其他公司和组织运营自己的应用商店，如小米手机的应用商店和华为手机的应用商店等，这为用户提供了更多的选择和灵活性。

3．多样化的硬件生态系统

Android 支持广泛的硬件设备，从高端智能手机到经济型设备，以及各种尺寸和形式的平板电脑。这种多样性不仅让更多的消费者能够根据自己的预算和需求选择设备，也为开发者提供了在各种设备上创造出色应用体验的机会。

4．加强的安全和隐私

尽管 Android 面临着来自恶意软件和隐私泄露的挑战，谷歌公司一直在不断加强安全措施，如定期的安全更新和改进 Google Play Protect，这是一种在设备上自动运行的服务，可以帮助保护设备免受恶意应用的影响。Android 10 及更高版本引入了更多的隐私和安全特性，如对应用访问设备位置信息的更严格控制。

5．AI 和机器学习的集成

Android 系统集成了 AI 和机器学习的能力，让开发者能够创建更智能、更个性化的应用体验。谷歌公司为开发者提供了多种工具和 API，如 TensorFlow Lite 和 ML Kit，这些工具可以轻松地在 Android 应用中实现机器学习功能，从而提供更加丰富和个性化的用户体验。本书的重点在于学习 Android 开发与已发布第三方企业研发的 AI 能力相结合。

1.1.2　Android 平台的发展史

Android 平台的诞生可以追溯到 2003 年，当时一家名为 Android 的公司开始开发一个基于 Linux 的智能手机操作系统。2005 年，谷歌公司收购了 Android 公司，并将其作为谷歌移动业务的核心部分。2007 年，谷歌公司与其他手机制造商、运营商和芯片厂商组成了开放手机联盟(Open Handset Alliance)，宣布推出 Android 平台，作为一个开放的、免费的、基于标准的移动软件平台。2008 年，第一款搭载 Android 系统的手机 HTC Dream(又称 T-Mobile G1)在美国上市，开启了 Android 平台的商业化之路。

自此之后，Android 平台经历了多个版本的更新和迭代，每个版本都以甜品的名字命名，按照字母顺序排列，从 Android 1.5 Cupcake 到 2023 年 10 月 4 日发布的 Android 14

Pie。每个版本都带来了新的功能和改进,例如多点触控、语音搜索、通知栏、虚拟键盘、NFC、多用户模式、安全性增强、性能优化、人工智能等。Android 平台也不断扩展到其他设备和领域,例如 Android Wear(智能手表)、Android TV(电视)、Android Auto(汽车)、Android Things(物联网)、Android Go(低端设备)等。

Android 平台的未来发展方向是继续提升用户体验、安全性和隐私保护、性能和稳定性、兼容性和可持续性等方面。截至 2024 年 12 月,Android 系统的最新版本是 Android 15,它于 2024 年 9 月发布,代号为 Vanilla Ice Cream(香草冰淇淋)。Android 15 带来了多项升级和优化,不再支持 32 位应用,而全面拥抱 64 位应用时代,在用户界面、智能通知管理、隐私与安全、多任务处理、人工智能与机器学习、屏幕录制、卫星通信等方面均有提升,为用户提供更加流畅和智能的使用体验。

1.1.3　Android 平台的架构和组成

Android 平台的架构是一个分层的结构,由四个主要层次组成,分别是应用层、应用框架层、系统运行库层和 Linux 内核层。每一层都提供了一些特定的功能和服务,供上层或同层使用。下面简要介绍每一层的主要作用。

1. 应用层

Android 平台最上层,也是用户最直接接触的层次。应用层包含各种用户安装或预装的应用程序,例如电话、短信、浏览器、地图、相机、游戏等。应用程序可以使用 Java、Kotlin、C++等语言编写,也可以使用 Flutter、React Native 等跨平台框架开发。应用程序可以通过应用框架层提供的 API 访问系统的功能和资源,也可以通过 Intent 机制与其他应用程序交互。

2. 应用框架层

Android 平台的核心层,提供了一套丰富的 API,供应用层使用。应用框架层包含各种系统服务和管理器,例如窗口管理器、活动管理器、内容提供器、视图系统、通知管理器、包管理器、电源管理器等。这些服务和管理器负责管理应用程序的生命周期、窗口和视图的显示、数据的存储和访问、通知的发送和接收、应用程序的安装和卸载、电量的节省和优化等。

3. 系统运行库层

Android 平台的底层,提供了一些基础的功能和组件,供上层使用。系统运行库层包含了各种运行环境、库和驱动,例如 ART(Android Runtime)、Dalvik 虚拟机、Bionic C 库、OpenGL ES、Media Framework、SQLite、WebKit 等。这些运行环境、库和驱动负责支持应用程序的运行,提供图形、音视频、数据库、网络等功能,与硬件设备进行通信等。

4. Linux 内核层

Android 平台的最底层,提供了操作系统的基本功能,如进程管理、内存管理、文件系统、网络协议栈、安全机制等。Linux 内核层也包含各种硬件抽象层(HAL),用于屏蔽不同硬件设备的差异,提供统一的接口,供上层使用。Linux 内核层是 Android 平台的基石,为整个系统提供稳定性和可靠性。

1.2　Android 开发环境设置

本节使用官方最新推荐的 Kotlin 为 Android 开发语言,并且以 Android 14 为目标版本。因此,整个开发环境涉及安装 Android Studio(谷歌官方推荐的 IDE)、配置 Kotlin 插件，以及设置项目和环境来进行开发准备。

1.2.1 安装 Android Studio

1. 访问 Android Developer 官网

下载最新版本的 Android Studio。本书以 Windows 系统为例进行安装，如图 1-1 所示。

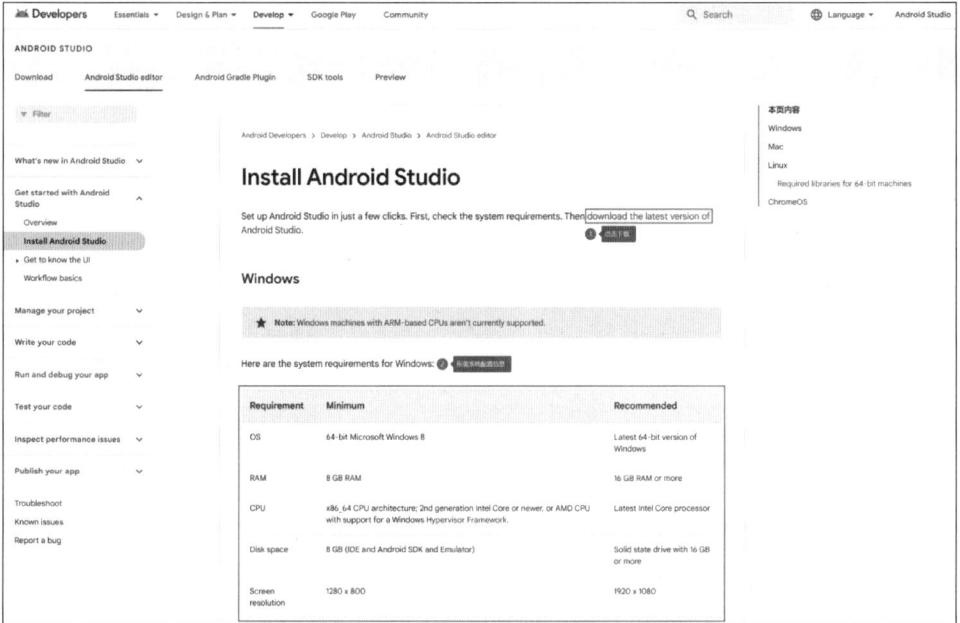

图 1-1　Android Studio 下载链接及 Windows 系统要求

单击图中 download the latest version of Android Studio 超链接，网站会根据当前读者所使用的操作系统（如 Windows）跳转到对应的操作系统版本下载界面，如图 1-2 所示。

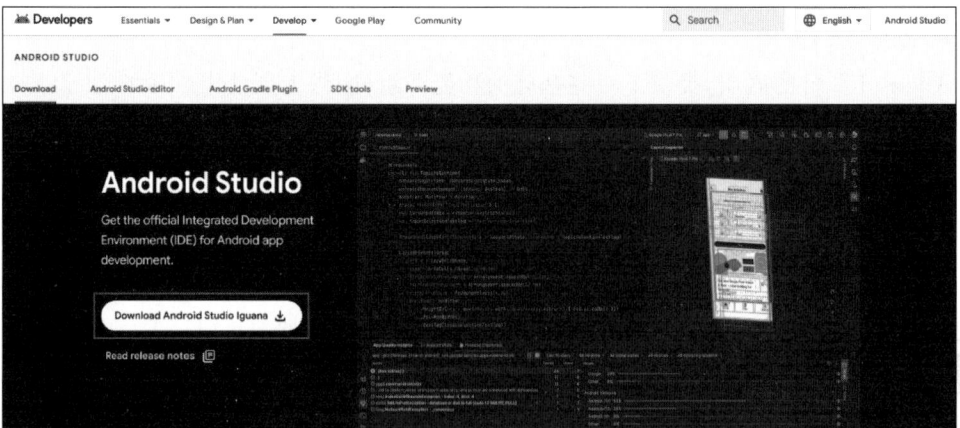

图 1-2　下载 Android Studio

2. 安装 Android Studio

打开下载的安装包即可出现安装界面（双击打开安装包时由于计算机配置不同，等待时间略有不同），如图 1-3 所示。

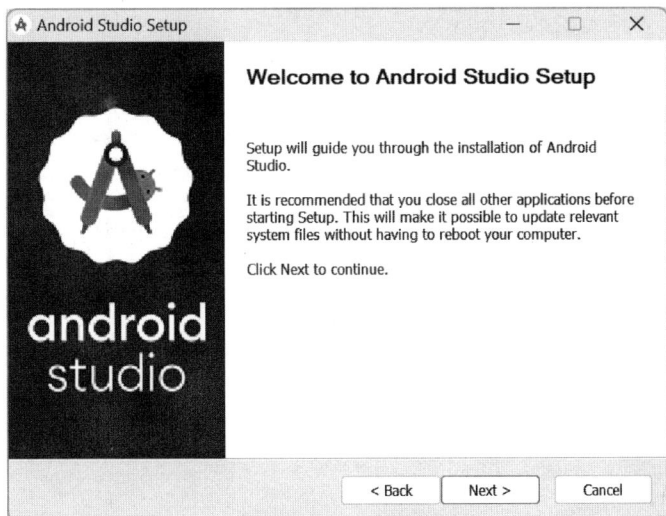

图 1-3　安装 Android Studio

单击 Next 按钮进入选择安装组件界面，如图 1-4 所示。

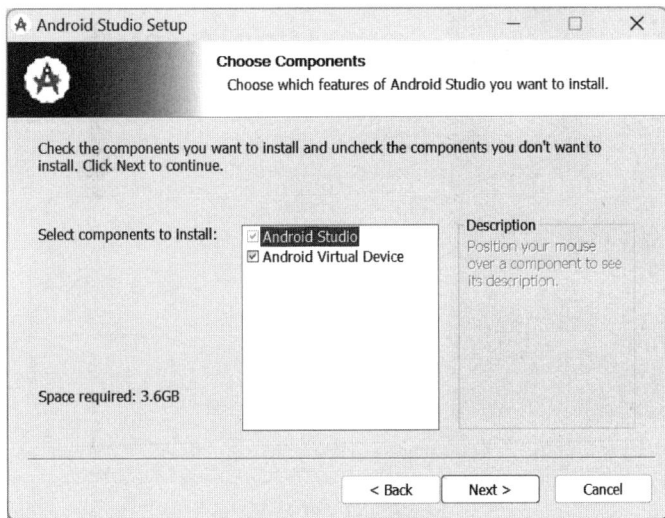

图 1-4　组件选择

单击 Next 按钮进入安装路径界面，这里读者可以根据自己计算机需求选择一个安装目录进行安装，如图 1-5 所示。注意，选择安装的目录名最好不要是中文。

依照系统默认提示操作，直至出现安装完成界面，说明已经安装成功，如图 1-6 所示。单击 Finish 按钮即可打开 Android Studio。

1.2.2　配置开发环境

当完成 Android Studio 安装后，第一次打开时，会打开 Android Studio Setup Wizard 界面来帮助用户完成开发环境的配置。

首先弹出 Import Android Studio Settings 界面，用于导入用户保存在本地目录上的配置信息，这里选择 Do not import settings 选项，如图 1-7 所示。

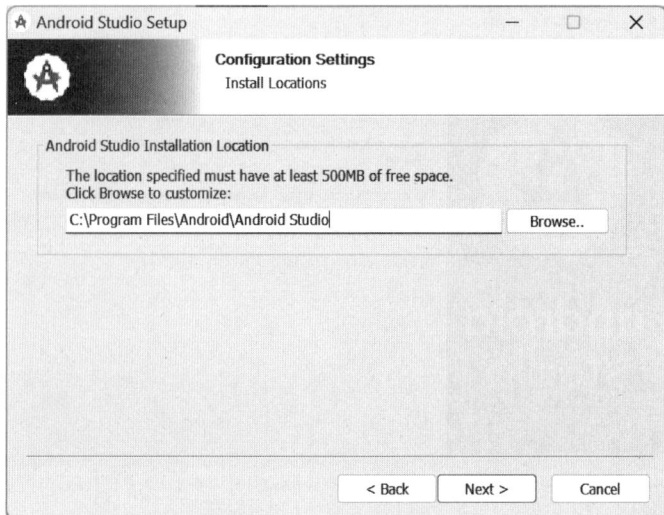

图 1-5　选择安装路径

图 1-6　完成安装界面

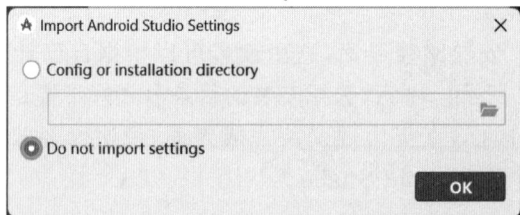

图 1-7　导入本地配置文件

接下来 Android Studio Setup Wizard 界面被打开，如图 1-8 和图 1-9 所示。其中，图 1-9 需要用户选择安装类型界面，该界面提供了两种安装选项——Standard（标准安装）和 Custom（自定义安装）。每个选项针对不同类型的用户需求设计，用户可根据自己的需求和偏好来选择合适的安装方式。建议初学者直接选择 Standard，因为它简化了安装过程，无须用户进行复杂的选择和配置。

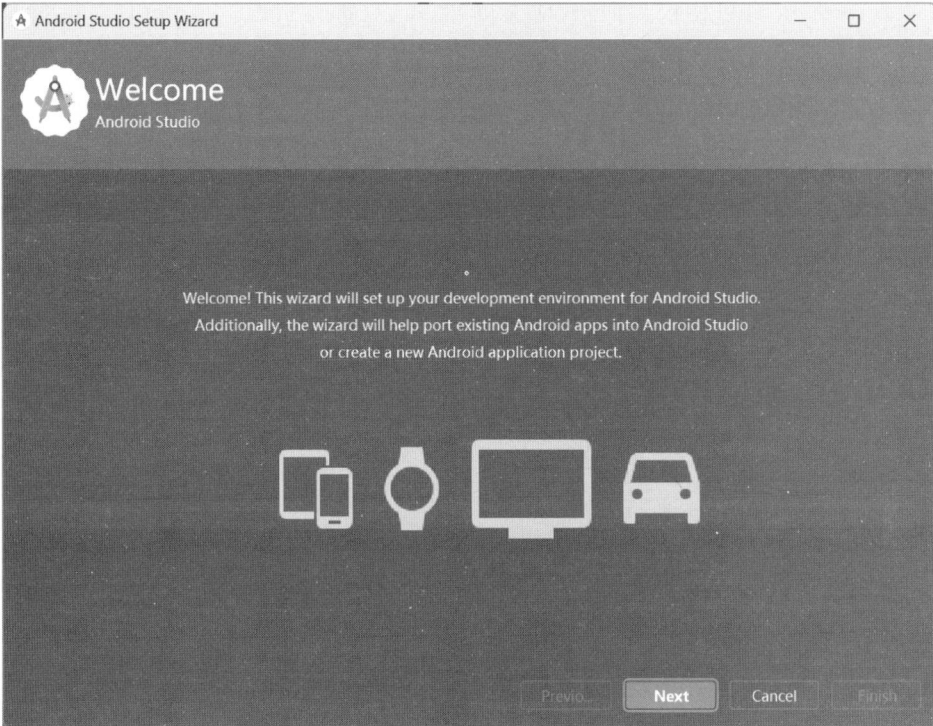

图 1-8　开发环境配置向导欢迎界面

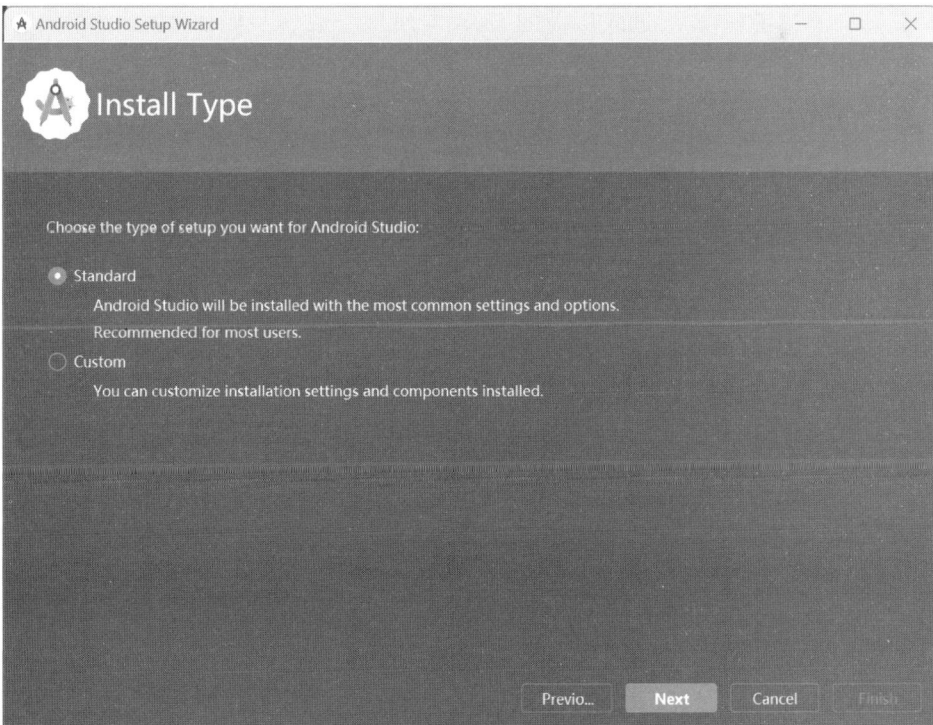

图 1-9　安装类型界面

单击 Next 按钮，会弹出 Verify Settings 确认安装配置界面，直接单击 Next 按钮，打开 License Agreement 许可协议界面，此时左侧栏目选项都分别选择 Accept 即可，然后单击 Finish 按钮，如图 1-10 所示。

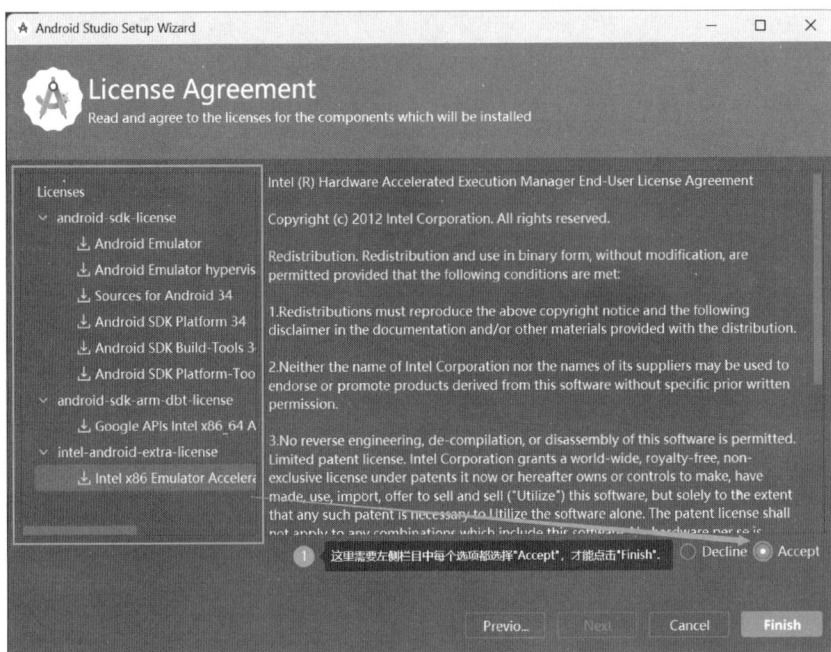

图 1-10　许可协议界面

单击 Finish 按钮后，即可进入所需的 SDK 与组件下载安装界面，由于网络同步，下载会相对缓慢，请用户耐心等待，如图 1-11 所示。

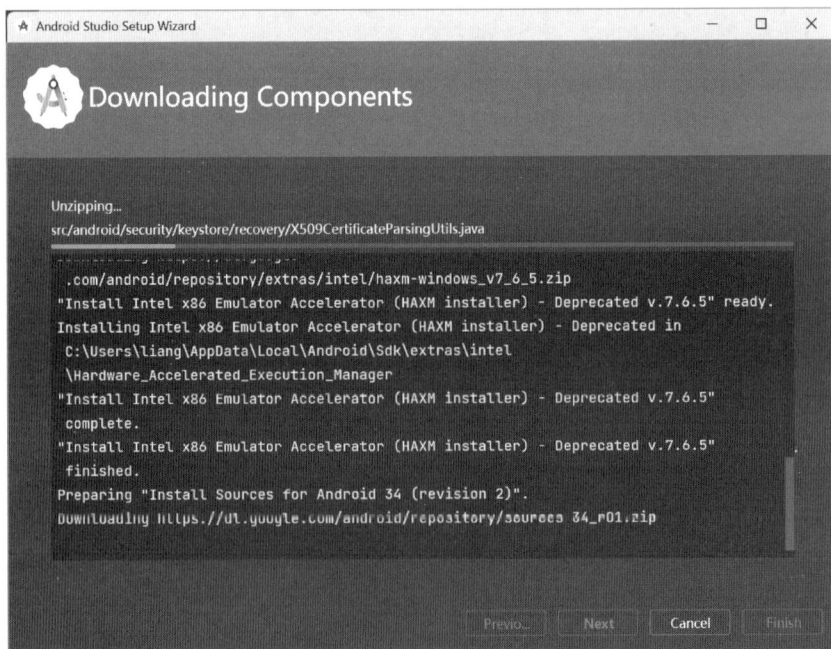

图 1-11　SDK 及组件下载界面

1.3 创建第一个 Android 应用

当安装配置好 Android Studio 后,终于到了创建并运行读者的第一个 Android 项目的激动人心时刻了。下面从一个简单的 Hello World 项目开始,帮助读者熟悉 Android Studio 的基本使用和 Android 应用的基础结构。

1.3.1 创建一个 Hello World 项目

在 SDK 及组件下载界面(见图 1-11),下载完成后,单击 Finish 按钮打开 Welcome to Android Studio 欢迎界面,该界面可以创建新项目、打开已有项目、自定义编辑器风格、插件下载等操作。这里选择 New Project 选项创建一个新的项目,弹出 New Project 模板选择界面,如图 1-12 所示。

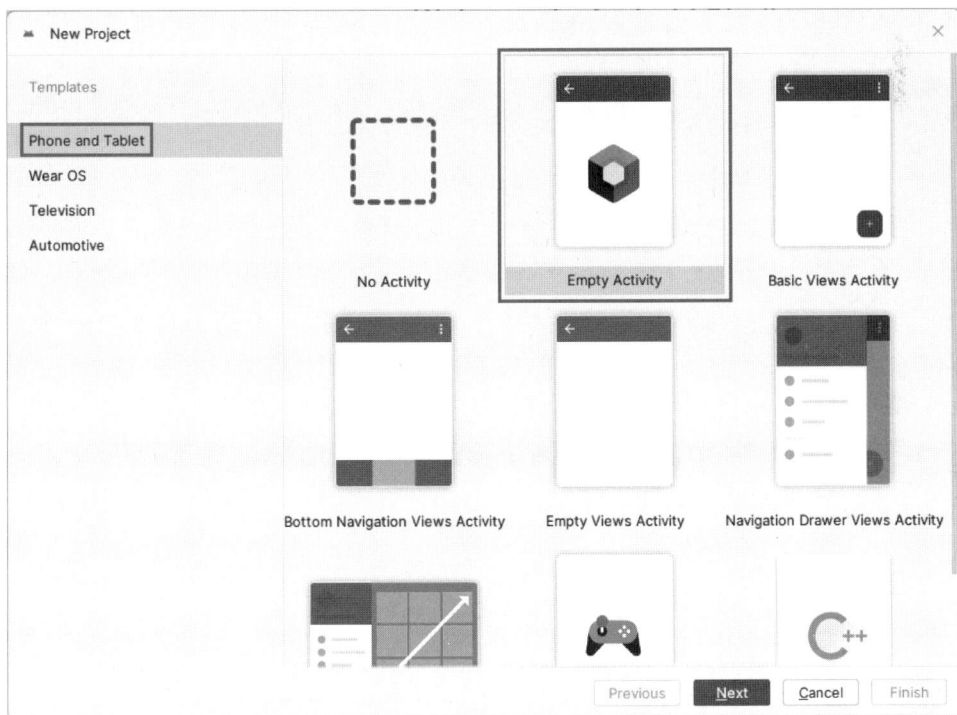

图 1-12 选择新项目模板界面

单击 Next 按钮,进入项目信息配置界面,如图 1-13 所示。

项目信息配置选项描述如下。

(1)Name:项目名称。

(2)Package name:项目包名称。

(3)Save location:选择要保存的位置。

(4)Minimum SDK:设置最低的 API 级别,一般用默认选项即可。

(5)Build configuration language:配置项目构建系统的语言,这里选择 Kotlin DSL。

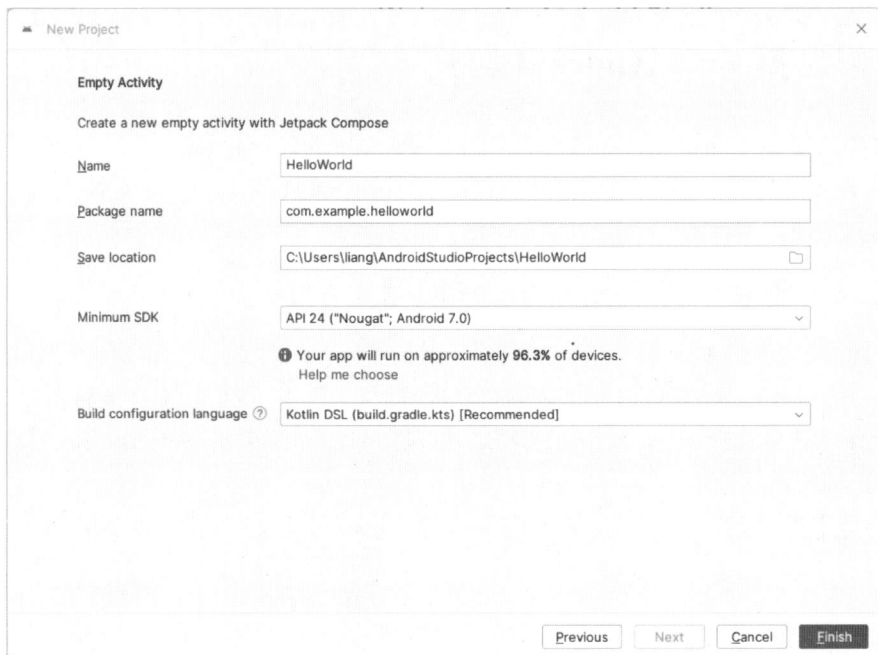

图 1-13　项目信息配置界面

1.3.2　运行 Hello World 项目

当在项目信息配置界面配置好项目信息后，如图 1-13 所示，单击 Finish 按钮即可打开 Hello World 项目。需要注意的是，第一次打开项目时需要下载项目所需要的包和组件信息，因此等待 Android Studio 最下面的状态栏下载完成后才能正常运行项目，如图 1-14 所示。

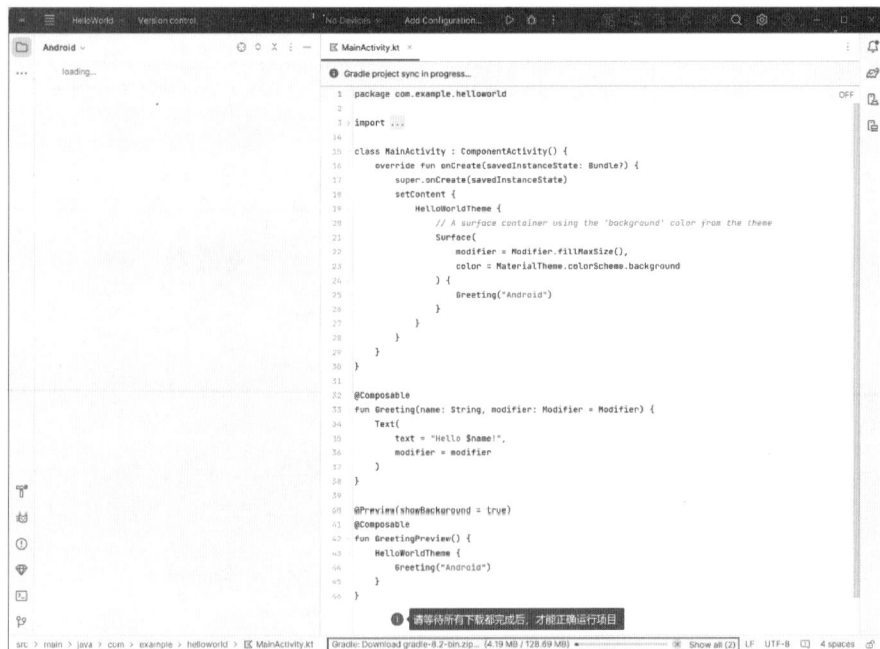

图 1-14　等待下载项目所需的组件和包等信息

然后单击"工具栏"上的绿色三角按钮 ▷ 图标,或者从菜单中选择 Run→Run 'app',或者通过快捷键 Shift+F10,即可通过模拟器运行项目,如图 1-15 所示。

图 1-15　运行项目

项目正确运行后,会在模拟器中展示"Hello Android!!",如图 1-16 所示。

图 1-16　项目预览

1.4　Android 应用结构

本书使用谷歌公司最新推出的 Jetpack Compose 现代化 UI 工具包构建原生 Android 应用界面,它也是 Android 官方支持的未来方向。Jetpack Compose 是基于声明式 UI 编程模型,与传统的 XML 布局方式相比,其优势在于开发者只需声明 UI 应该呈现的状态,Compose 框架负责渲染 UI 并在状态变化时自动更新 UI。这种方式使构建动态 UI 变得更加容易和高效,并使开发者能够以更少的代码和更高效的效率创建复杂且响应迅速的 UI。

1.4.1　应用结构详解

使用 Jetpack Compose 创建的项目结构会与传统方式创建的有所不同，Jetpack Compose 项目的 UI 是完全用 Kotlin 代码构建的，因此开发者不会在 res/layout 目录中找到 XML 布局文件。所有的 UI 组件（包括布局、控件等）都通过 Kotlin 中的可组合函数（@Composable）来定义。这意味着 UI 的设计和逻辑可以更紧密地结合，同时也使状态管理和组件重用变得更加简单。建议将左侧目录视图从 Android 切换到 Project 视图，因为该视图提供了对项目结构完整和详细的展示，如图 1-17 所示。

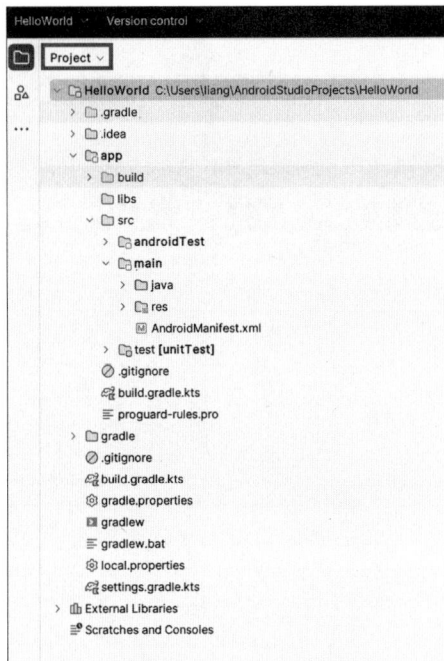

图 1-17　项目结构

主要项目结构介绍如下。

1. 根目录

（1）.gradle 和 .idea 这些目录包含 Gradle 和 IntelliJ IDEA（Android Studio 的基础）的配置文件。通常，这些目录不应该手动修改或版本控制。

（2）app：项目的主模块目录，包含用户的应用源代码、资源文件等。

（3）gradle：包含 Gradle wrapper 的脚本和配置文件，使项目可以在不需要预安装 Gradle 的情况下构建。

（4）build.gradle（项目级）：定义了整个项目的构建配置，包括 Gradle 插件、Kotlin 版本和其他模块的配置。

（5）settings.gradle：包含项目设置，如模块的声明。

2. app 目录（开发者工作的主要地方）

（1）src：包含所有源代码和资源文件。

（2）main：包含应用的主要资源和源代码。

（3）java 或 kotlin：存放 Kotlin 源代码文件。在 Jetpack Compose 项目中，所有 UI 都是通过 Kotlin 代码实现的，因此读者会在这里找到很多以@Composable 注解的函数。

（4）res：包含非代码资源，如图标、XML 资源文件等。虽然在 Compose 项目中大部分 UI 都是用 Kotlin 代码实现的，但一些资源如图标、颜色定义和字符串仍然存放在这里。

（5）AndroidManifest.xml：描述了应用的基本信息，包括所需权限、活动声明等。

（6）androidTest：包含针对 Android 平台的测试代码。

（7）test：包含 JUnit 单元测试代码。

（8）build.gradle（模块级）：定义了模块的构建配置，如依赖库、编译选项等。在 Jetpack Compose 项目中，需要在该文件中添加 Compose 相关的依赖和设置。

3. 其他文件和目录

（1）.gitignore：定义了 Git 版本控制要忽略的文件和目录。

（2）gradlew 和 gradlew.bat：Gradle Wrapper 的可执行文件，分别用于 UNIX/Linux 和 Windows 系统。

1.4.2　修改第一个应用程序

修改第一个应用程序，将"Hello Android!!"修改成"Hello World!"。只需在 MainActivity.kt 文件中将 Greeting 方法中的 Android 替换成 World 即可，然后重新运行，即可看见修改后的效果，如图 1-18 所示。

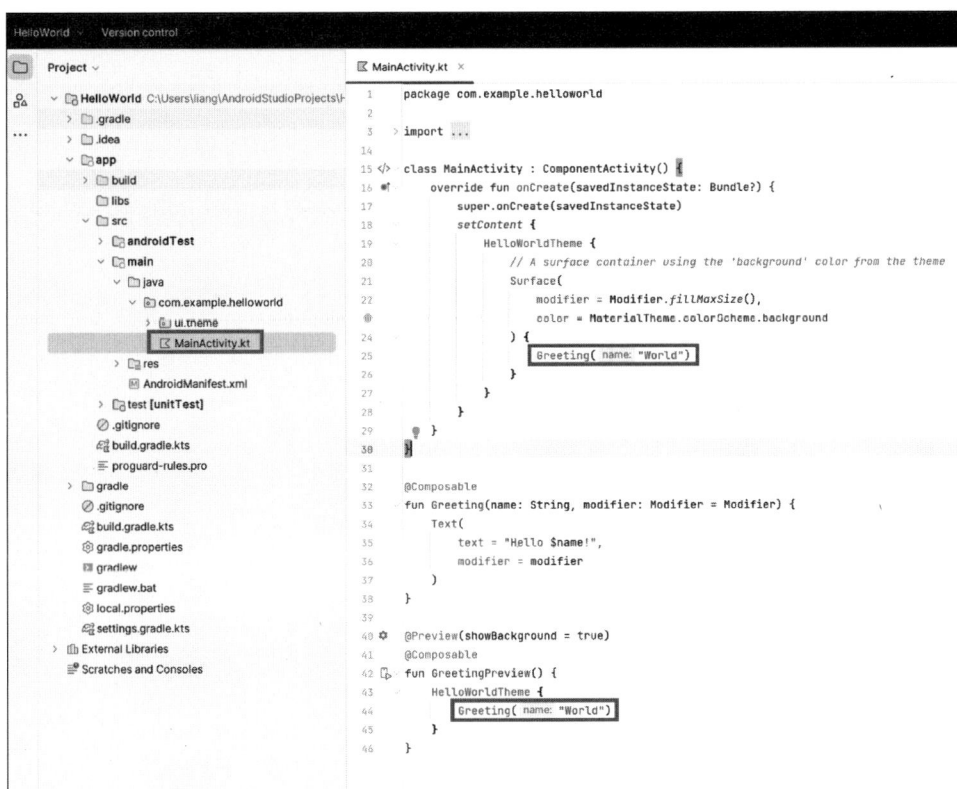

图 1-18　修改第一个应用程序

实训一

使用 Android Studio 创建一个新项目,目标是设计一个简单的应用程序界面,包含一个按钮和一个文本框。当用户单击按钮时,文本框中的内容应从"Hello Android!!"变为"Hello Jetpack Compose!"。

实训二

在 Hello World 项目的基础上,修改应用的目标 SDK 版本为 Android 15。请确保应用程序能在 Android 15 上正常运行,并验证应用是否适配新版本的功能(如通知权限、隐私控制等)。

Kotlin基础

知识目标

(1) 了解 Kotlin 语言的起源及特点。

(2) 掌握 Kotlin 语言的基础语法,包括数据类型、控制流、函数、Lambda 表达式。

(3) 掌握 Kotlin 语言的泛型、协程、类型检查与转换、可见修饰符、委托和空安全性。

技能目标

(1) 能够运用 Kotlin 进行面向对象的基本编程。

(2) 能够掌握 Kotlin 语言基础并进行编程。

思维导图

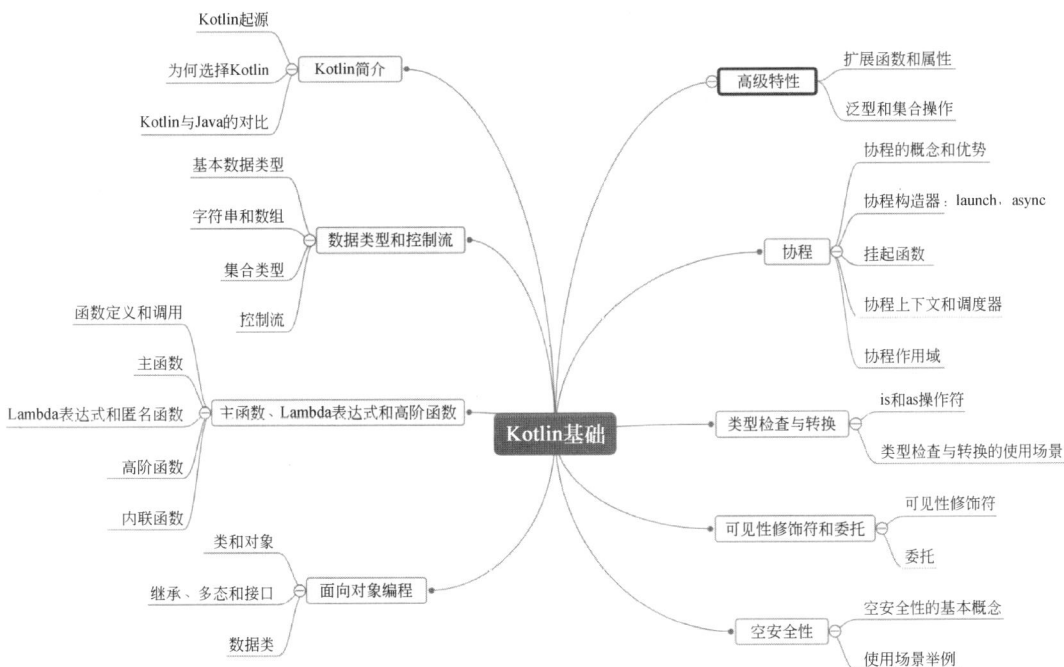

2.1 Kotlin 简介

Kotlin 是一种现代编程语言,它将简洁性和功能性融合在一起,提供了一个安全且易于维护的代码基础。它由 JetBrains 公司开发,并在 2011 年首次亮相。Kotlin 的设计初衷是克服Java语言的一些限制，同时保持与Java的完全兼容性。

2.1.1　Kotlin起源

Kotlin的名字来源于位于俄罗斯圣彼得堡附近的科特林岛（Kotlin Island），这个小岛是该语言主要开发工作的所在地。JetBrains公司的目标是解决Java语言在实际开发中遇到的问题，如编译时间慢和代码冗余等。

在Kotlin被设计和开发之初，Java已经是一门成熟的语言，广泛应用于各种商业和企业级应用中。然而，Java语言的一些老旧特性和缺乏现代语言结构成为开发者的痛点，特别是在Android平台开发中，Java的一些限制更为明显，如Java冗长的代码书写、缺乏现代语言特性如Lambda表达式（直到Java 8才引入）等。

JetBrains团队察觉到这些需求，并决定创建一种新的语言，既能充分利用JVM（Java Virtual Machine，Java虚拟机）的强大功能，又能提供更简洁的语法和更强大的语言特性，以提高开发效率和改善开发体验。

2011年，JetBrains正式推出Kotlin项目，并在2012年将其开源，以Apache 2许可证发布。Kotlin的开发受到了Scala、Groovy等语言的启发，但它的目标是保持简洁性和高性能。JetBrains希望这个新语言能够推动他们的IDE（Integrated Development Environment，集成开发环境）IntelliJ IDEA产品的销售。

2016年，JetBrains发布了Kotlin的第一个稳定版本1.0，并承诺保持向后兼容性。2017年，Google在其I/O开发者大会上宣布Kotlin成为Android应用开发的官方支持语言，这一举措显著提升了Kotlin的知名度和应用范围。

Kotlin的发展历程体现了JetBrains对开发者需求的深刻理解和对技术问题的创新解决方案。它不仅解决了Java的一些痛点，还引入了许多现代编程语言的特性，如空安全、扩展函数和协程等，使得Kotlin成为现代应用开发的优选语言。

2.1.2　为何选择Kotlin

随着Kotlin语言的发展和逐渐成熟，它已经被许多开发者和公司作为主要的开发语言采用。选择Kotlin的原因是多方面的，主要包括以下五大方面。

1. 现代化的语言特性

Kotlin引入了许多现代编程语言的特性，这些特性使得编程不仅更加安全，同时也更具表达性和简洁性。

（1）Lambda表达式与高阶函数。这些特性让Kotlin在处理集合、异步编程等方面变得非常高效和简洁。

（2）扩展函数。允许开发者向现有类添加新的方法，而无须修改其源代码或使用继承，使代码更易于维护和扩展。

（3）空安全类型系统。Kotlin在编译时期即可检测出潜在的空指针访问错误，极大地减少运行时异常。

2. 改善开发效率和代码质量

Kotlin的语法设计注重简洁性和实用性，极大地减少了常见的样板代码，提升了开发效率。

（1）类型推断。减少了需要明确指定类型的场合，代码更加简洁。

（2）数据类。自动为数据持有类生成常用的方法如 hashCode（）、equals（）、toString（）等，都大大简化了类型的定义。

（3）解构声明。使得代码更加直观和易于理解。

3. 无缝的 Java 互操作性

Kotlin 与 Java 之间的互操作性是无缝的，这意味着在 Kotlin 项目中可以轻松调用 Java 代码，反之亦然。这为 Java 开发者提供了一个平滑的过渡路径，无须重写现有 Java 代码即可逐步采用 Kotlin。

（1）使用现有的 Java 库和框架。不需要等待第三方库和框架的 Kotlin 适配版本，可以直接在 Kotlin 代码中使用它们。

（2）逐步迁移。项目可以逐步从 Java 迁移到 Kotlin，而不需要一次性重写。

4. 官方支持和社区活跃

自从 Google 在 2017 年将 Kotlin 定为 Android 的官方开发语言之一后，Kotlin 在 Android 开发社区中的受欢迎程度急剧上升。这种官方支持保证了 Kotlin 在 Android 平台的长期发展和支持。

（1）广泛的学习资源和社区支持。有大量的开源项目、工具和库可供学习和使用。

（2）活跃的社区。快速响应的社区和频繁的更新使得 Kotlin 持续进步，同时解决用户反馈的问题。

5. 多平台开发的优势

Kotlin 不仅可以在 JVM 上运行，还可以编译为 JavaScript 或使用 Kotlin/Native 转换为本地代码。这使得 Kotlin 成为开发跨平台应用的理想选择。

总之，选择 Kotlin 作为开发语言，开发者可以享受到这些综合性优势，不仅提高开发效率，同时也能提升最终产品的质量和性能。Kotlin 在许多方面都表现出了它作为现代编程语言的优越性，无论是在新项目中使用，还是将其引入现有项目中，都是一种值得考虑的选择。

2.1.3 Kotlin 与 Java 的对比

Kotlin 与 Java 都是运行在 Java 虚拟机上的编程语言，但 Kotlin 在设计上提供了许多改进和现代化的特性，使其成为 Java 的一个强有力的替代者。下面详细比较这两种语言的主要区别。

1. 开发语言特性的比较

（1）空安全。

① Java。在 Java 中，空指针异常是常见的错误源之一。虽然可以通过检查来避免这些错误，但这增加了代码的复杂度和出错的概率。

② Kotlin。Kotlin 的类型系统设计中内置了空安全。编译器通过可空性和非空类型的区分强制进行空检查，有效减少运行时出现空指针异常的可能。

（2）扩展函数。

① Java。Java 不支持扩展函数，增加类的功能通常需要创建子类或者使用装饰者模式，这样可能使得代码结构复杂。

② Kotlin。Kotlin 支持扩展函数,允许开发者为现有类添加新的方法而不修改其源代码,提高了代码的模块化和可重用性。

（3）Lambda 表达式和高阶函数。

① Java。虽然 Java 8 引入了 Lambda 表达式,但其使用相对 Kotlin 来说更加烦琐,特别是在涉及简单操作的场合。

② Kotlin。Kotlin 从一开始就设计为支持 Lambda 表达式和高阶函数,使得函数式编程风格在 Kotlin 中更为自然和高效。

2. 代码维护性和可读性的比较

① Java。传统上,Java 代码可能包含大量的样板代码,尤其是在定义 POJOs(Plain Old Java Objects,普通 Java 对象)时,如 getter、setter、equals、hashCode 等。

② Kotlin。Kotlin 在语言层面上支持数据类,自动为数据类生成所有样板代码,极大地提高了代码的可读性和维护性。同时,Kotlin 的语法设计使得代码更加简洁,易于阅读和维护。

因此,Kotlin 的设计目标之一是提供一个比 Java 更安全、更简洁、更现代的语言选项,同时保持与 Java 的完全兼容。这使得 Java 开发者可以很容易地转向 Kotlin,同时感受到更高效的开发流程和更少的代码错误。对于新项目,尤其是 Android 应用开发,Kotlin 现已成为许多开发者和公司的首选语言。

2.2 数据类型和控制流

2.2.1 基本数据类型

在 Kotlin 中,基本数据类型包括数字类型、字符类型和布尔类型。这些类型都有其对应的类,但在运行时,Kotlin 会尽可能使用 Java 原生类型来优化性能。下面详细介绍这些基本数据类型,并提供相应的代码示例。

1. 变量与常量

在 Kotlin 中,val 和 var 是两种基本的变量声明关键字,它们决定了变量的可变性。

（1）val(value)用于声明不可变的引用。一旦给一个 val 变量赋值后,就不能再改变它的内容(即它是只读的)。这类似于 Java 中的 final 变量。

（2）var(variable)用于声明可变的引用。可以在任何时候更改一个 var 变量的值。

下面代码展示如何在 Kotlin 中使用 val 和 var 变量。

```
fun main() {
    // 使用 val 声明不可变引用
    val firstName: String = "Liang"
    // firstName = "Mamba"          // 这会编译错误,因为 val 不可重新赋值

    // 使用 var 声明可变引用
    var age: Int = 30
    age = 31                        // 这是允许的,因为 var 可以重新赋值

    println("Name: $firstName, Age: $age")
}
```

在这个示例中，firstName 是一个 val 变量，意味着它的值在初始化后不可更改，尝试修改它会导致编译错误；而 age 是一个 var 变量，可以在需要时更改其值。

使用场景如下。

（1）val 适用于值不需要更改的变量，如配置常量、环境设置等。

（2）var 适用于需要进行计算或其值需要根据某些条件更改的变量，如用户的年龄、计分板的分数等。

本书推荐读者在开发时尽量使用 val 而尽量避免 var，从而可以帮助 Kotlin 开发者写出更清晰、更安全的代码。这种编程风格也推动了函数式编程的理念，即强调不可变性。

2. 数字类型

Kotlin 处理数字类型的方式与 Java 类似，但 Kotlin 不支持隐式类型转换，以减少错误。Kotlin 提供了一整套数字类型，包括整数和浮点数。

（1）整数类型。Byte（8 位）、Short（16 位）、Int（32 位）、Long（64 位）。

（2）浮点类型。Float（32 位）、Double（64 位）。

代码示例如下所示。

```
val byteVal: Byte = 100
val shortVal: Short = 5000
val intVal: Int = 100000
val longVal: Long = 100000L        // 'L' 用于指定 Long 类型
val floatVal: Float = 10.11f       // 'f' 用于指定 Float 类型
val doubleVal: Double = 100000.123

println("Byte Value: $ byteVal")
println("Short Value: $ shortVal")
println("Int Value: $ intVal")
println("Long Value: $ longVal")
println("Float Value: $ floatVal")
println("Double Value: $ doubleVal")
```

输出结果如下。

```
Byte Value: 100
Short Value: 5000
Int Value: 100000
Long Value: 100000
Float Value: 10.11
Double Value: 100000.123
```

3. 字符类型

在 Kotlin 中，Char 类型用于表示单个 16 位的 Unicode 字符。每个 Char 值必须用单引号括起来。例如，'a'、'5'、'$ '都是有效的字符字面值。Char 类型在 JVM 上存储为原始类型 char，代表一个 16 位的 Unicode 字符。

Kotlin 还支持转义字符，如'\n'（换行符）、'\t'（制表符）、'\\'（反斜杠本身）、'\'（单引号）和'\"'（双引号）。如果需要表示其他字符，可以使用 Unicode 转义字符语法，通过使用'\u'加上 4 个十六进制数来表示任意 Unicode 字符。具体代码示例如下所示。

```
val charVal: Char = 'A'
val newline: Char = '\n'
val tab: Char = '\t'
val unicodeChar: Char = '\u6881'

println("Char Value: $ charVal")
println("Newline: '$ newline'")
println("Tab: '$ tab'")
println("Unicode Character: '$ unicodeChar'")
```

输出结果如下。

```
Char Value: A
Newline: '
'
Tab: '    '
Unicode Character: '梁'
```

4. 布尔类型

与 Java 的布尔类型一样，Boolean 类型表示逻辑上的真或假，只有两个值 true 和 false。示例代码如下所示。

```
val booleanValTrue: Boolean = true
val booleanValFalse: Boolean = false

println("Boolean Value True: $ booleanValTrue")
println("Boolean Value False: $ booleanValFalse")
```

输出结果如下。

```
Boolean Value True: true
Boolean Value False: false
```

以上类型是 Kotlin 语言的基础，了解它们对于进行更复杂的编程任务至关重要。注意，Kotlin 中的所有数字类型都不支持隐式类型转换，因此较小的类型不能自动转换为较大的类型。如果需要转换，必须使用相应的转换函数，如 toInt()、toByte()等。

2.2.2 字符串和数组

在 Kotlin 中，字符串和数组是用于存储和处理一系列数据的基本数据结构。字符串用于处理文本数据，而数组用于存储固定数量的同类型元素。

1. 字符串

（1）在 Kotlin 中，字符串是不可变的，这意味着一旦创建了字符串，就不能更改其内容。字符串由一系列字符组成，可以通过索引访问这些字符。

具体代码示例如下所示。

```
val str = "Hello, Kotlin!"
println(str[7])          // 输出 'K'
```

输出结果如下。

```
K
```

（2）字符串可以包含模板表达式，即字符串中的小段代码，它们会被求值并将其结果插入字符串中。

```
val name = "Kotlin"
val greeting = "Hello, $ name!"
println(greeting)        // 输出 'Hello, Kotlin!'
```

输出结果如下。

```
Hello,Kotlin!
```

（3）Kotlin 支持两种类型的字符串字面量。一种是转义字符串（使用双引号"），支持转义字符，如上述代码所示；另一种为原始字符串（使用三个双引号"""），可以包含换行和任何其他字符。示例如下代码所示。

```
val multilineString = """
    Hello,
    Kotlin,
    Multiline!
"""

println(multilineString)
```

输出结果如下。

```
Hello,
Kotlin,
Multiline!
```

（4）在 Kotlin 中，String 类提供了许多方法和属性来处理字符，如表 2-1 所示。

表 2-1　String 类的方法和属性

方法和属性	说　　明
length	返回字符串的长度
get(index：Int)	通过索引获取字符
substring(range：IntRange)	返回字符串的一个字串
contains(other：CharSequence)	检查字符串是否包含指定的字符序列
startsWith(prefix：String)	检查字符串是否从指定的前缀开始
endsWith(suffix：String)	检查字符串是否以指定的后缀结束
replace(oldValue：String，newValue：String)	替换字符串中的旧字符序列为新字符序列
toLowerCase()/uppercase()	将字符串转换为小写/大写
trim()	去除字符串首尾的空白字符
split(delimiter：String)	根据分隔符将字符串分隔为列表
toInt()/toDouble()	将字符串转换为数值类型

具体代码示例如下所示。

```
val exampleString = "Kotlin is Awesome!"

// 获取长度
println("Length: ${exampleString.length}")        // 输出 Length: 18
```

```kotlin
// 访问字符
println("Char at index 7: ${exampleString[7]}")                    // 输出 Char at index 7: i

// 子串
println("Substring (0..5): ${exampleString.substring(0..5)}") // 输出 Substring (0..5): Kotlin

// 包含
println("Contains 'is': ${exampleString.contains("is")}")  // 输出 Contains 'is': true

// 前缀和后缀
println("Starts with 'Kot': ${exampleString.startsWith("Kot")}") // 输出 Starts with 'Kot': true
println("Ends with 'me!': ${exampleString.endsWith("me!")}") // 输出 Ends with 'me!': true

// 替换
println("Replace 'Awesome' with 'Great': ${exampleString.replace("Awesome", "Great")}")
                                      // 输出 Replace 'Awesome' with 'Great': Kotlin is Great!

// 大小写转换
println("Uppercase: ${exampleString.uppercase()}") // 输出 Uppercase: KOTLIN IS AWESOME!
println("Lowercase: ${exampleString.lowercase()}") // 输出 Lowercase: kotlin is awesome!

// 去除空白
val stringWithSpaces = " Kotlin! "
println("Trimmed: '${stringWithSpaces.trim()}'")   // 输出 Trimmed: 'Kotlin!'

// 分隔
val csv = "Kotlin,Java,Swift"
println("Split: ${csv.split(",")}")                // 输出 Split: [Kotlin, Java, Swift]

// 类型转换
val numberString = "123"
println("String to Int: ${numberString.toInt()}") // 输出 String to Int: 123
```

输出结果如下。

```
Length: 18
Char at index 7: i
Substring (0..5): Kotlin
Contains 'is': true
Starts with 'Kot': true
Ends with 'me!': true
Replace 'Awesome' with 'Great': Kotlin is Great!
Uppercase: KOTLIN IS AWESOME!
Lowercase: kotlin is awesome!
Trimmed: 'Kotlin!'
Split: [Kotlin, Java, Swift]
String to Int: 123
```

2. 数组

（1）Kotlin 中的数组是大小固定的，可以存储同一类型的元素。数组使用 Array 类来表示，可以使用库函数 arrayOf()来创建数组。具体代码如下所示。

```kotlin
val numbers = arrayOf(1, 2, 3, 4, 5)
println(numbers[2])   // 输出 '3'
```

输出结果如下。

3

（2）Kotlin 还提供了专门的类来表示原始类型的数组，如 IntArray、ByteArray 等，这些类没有装箱开销，因此更加高效。具体代码如下所示。

```
val numbers = arrayOf(1, 2, 3, 4, 5)
val chars = charArrayOf('a', 'b', 'c')

println("Numbers: ${numbers.joinToString()}")
println("First char: ${chars[0]}")
```

输出结果如下。

```
Numbers: 1, 2, 3, 4, 5
First char: a
```

（3）数组方法与属性。数组有多种方法和属性，可以用来执行常见的数组操作，如 size，sum()，sort() 等，具体如表 2-2 所示。

表 2-2　数组的方法和属性

方法和属性	说　　明
size	返回数组的大小
get(index：Int)	通过索引获取数组中的元素
set(index：Int,value：T)	通过索引设置数组中的元素
iterator()	返回一个迭代器，用于遍历数组
indices	返回数组有效索引的范围
first()	返回数组的第一个元素
last()	返回数组的最后一个元素
indexOf(element：T)	返回元素在数组中首次出现的索引，如果不存在则返回－1
contains(element：T)	检查数组是否包含指定的元素
joinToString()	将数组元素连接成一个字符串，并可指定分隔符等参数
sorted()	返回一个新数组，其中的元素按自然顺序排序
filter(predicate：(T)-> Boolean)	返回一个新数组，包含所有满足给定条件的元素
map(transform：(T)-> R)	返回一个新数组，其元素是对原数组元素应用转换函数后的结果
forEach(action：(T)-> Unit)	对数组的每个元素执行给定的操作
reduce(operation：(acc：T,T) > T)	从数组的第一个元素开始，累积地将给定的操作应用到所有元素上，并返回累积的结果
any(predicate：(T)-> Boolean)	检查数组中是否至少有一个元素满足给定的条件
all(predicate：(T)-> Boolean)	检查数组中的所有元素是否都满足给定的条件
none(predicate：(T)-> Boolean)	检查数组中是否没有元素满足给定的条件
sumBy(selector：(T)-> Int)	返回所有元素经过给定函数转换后的和
average()	计算数组中数值型元素的平均值

这些方法和属性使数组在 Kotlin 中非常灵活和强大。以下是使用这些方法和属性的代码示例。

```kotlin
val numbers = arrayOf(1, 2, 3, 4, 5)

// 获取数组大小
println("Size: ${numbers.size}")                         // 输出 Size: 5

// 访问元素
println("Element at index 2: ${numbers[2]}")             // 输出 Element at index 2: 3

// 修改元素
numbers[2] = 6
println("Modified element at index 2: ${numbers[2]}")    // 输出 Modified element at index 2: 6

// 遍历数组
numbers.forEach { element ->
    print("$element ")
}
println()                                                // 输出 1 2 6 4 5

// 过滤和映射
val evenNumbers = numbers.filter { it % 2 == 0 }.map { it * it }
println("Even squares: $evenNumbers")                    // 输出 Even squares: [4, 16]

// 检查元素
val containsFour = numbers.contains(4)
println("Contains 4? $containsFour")                     // 输出 Contains 4? true

// 排序
val sortedNumbers = numbers.sorted()
println("Sorted: $sortedNumbers")                        // 输出 Sorted: [1, 2, 4, 5, 6]
```

输出结果如下。

```
Size: 5
Element at index 2: 3
Modified element at index 2: 6
1 2 6 4 5
Even squares: [4, 36, 16]
Contains 4? true
Sorted: [1, 2, 4, 5, 6]
```

2.2.3 集合类型

集合类型是用来存储一组元素的数据结构，这些元素可以是任何类型。Kotlin 集合主要分为两大类——不可变集合和可变集合。不可变集合只能读取其内容，不能修改；可变集合可以添加、删除或更新其元素。

1. 不可变集合

不可变集合包括 List、Set 和 Map，这些集合创建后不允许修改内容，可以确保数据的安全性。

（1）List 有序集合，可以包含重复的元素。

（2）Set 无序集合，不包含重复的元素。

（3）Map 键值对集合，键是唯一的。

具体代码示例如下所示。

```kotlin
val immutableList = listOf(1, 2, 2, 3)
val immutableSet = setOf(1, 2, 2, 3)
val immutableMap = mapOf(1 to "one", 2 to "two", 3 to "three")

println("List: $ immutableList")
println("Set: $ immutableSet")
println("Map: $ immutableMap")
```

输出结果如下。

```
List: [1, 2, 2, 3]
Set: [1, 2, 3]
Map: {1 = one, 2 = two, 3 = three}
```

2. 可变集合

可变集合包括 MutableList、MutableSet 和 MutableMap，这些集合允许在创建后进行修改。

（1）MutableList 有序集合，可以包含重复的元素，并支持添加、删除和更新操作。

（2）MutableSet 无序集合，不包含重复的元素，支持添加和删除操作。

（3）MutableMap 键值对集合，键是唯一的，支持添加、删除和更新键值对。

具体代码示例如下所示。

```kotlin
val mutableList = mutableListOf(1, 2, 3)
val mutableSet = mutableSetOf(1, 2, 3)
val mutableMap = mutableMapOf(1 to "one", 2 to "two", 3 to "three")

mutableList.add(4)
mutableSet.add(4)
mutableMap[4] = "four"

println("Mutable List: $ mutableList")
println("Mutable Set: $ mutableSet")
println("Mutable Map: $ mutableMap")
```

输出结果如下。

```
Mutable List: [1, 2, 3, 4]
Mutable Set: [1, 2, 3, 4]
Mutable Map: {1 = one, 2 = two, 3 = three, 4 = four}
```

3. 不可变集合方法与属性

在 Kotlin 中，集合每种类型都有其特定的方法和属性。以下是每种集合类型的详细方法和属性（见表 2-3～表 2-5），以及相应的代码示例和输出结果。

（1）List。

表 2-3　List 的方法和属性

方法和属性	说　明
size	List 的大小
isEmpty()	检查 List 是否为空
contains(element：T)	检查 List 是否包含指定元素
get(index：Int)	获取指定索引处的元素
indexOf(element：T)	返回指定元素的索引
lastIndexOf(element：T)	返回指定元素最后一次出现的索引
subList(fromIndex：Int,toIndex：Int)	获取子 List
sorted()	返回元素排序后的 List

具体代码示例如下所示。

```
val list = listOf("Kotlin", "Java", "Swift")
println(list.size)                  // 输出 3
println(list.isEmpty())             // 输出 false
println(list.contains("Java"))      // 输出 true
println(list.get(1))                // 输出 Java
println(list.indexOf("Swift"))      // 输出 2
println(list.subList(0, 2))         // 输出 [Kotlin, Java]
println(list.sorted())              // 输出 [Java, Kotlin, Swift]
```

输出结果如下。

```
3
false
true
Java
2
[Kotlin, Java]
[Java, Kotlin, Swift]
```

（2）Set。

表 2-4　Set 的属性和方法

方法和属性	说　明
size	返回 Set 的大小
isEmpty()	检查 Set 空
contains(element：T)	检查 Set 是否包含指定元素
iterator()	返回 Set 的迭代器
union(other：Set＜T＞)	返回两个 Set 的并集
intersect(other：Set＜T＞)	返回两个 Set 的交集
subtract(other：Set＜T＞)	返回两个 Set 的差集
plus(element：T)	添加元素到 Set 中，如果元素已存在，则不会有任何变化，因为 Set 不允许重复元素。这个方法也可以接受另一个 Set 作为参数，将两个 Set 合并为一个新的 Set
minus(element：T)	从 Set 中移除元素，如果是移除单个元素，它会移除该元素的第一个出现；如果是移除一个 Set，它会移除所有在参数 Set 中出现的元素

具体代码如下所示。

```kotlin
val set1 = setOf("Kotlin", "Java")
val set2 = setOf("Java", "Swift")
println(set1.size)                      // 输出 2
println(set1.isEmpty())                 // 输出 false
println(set1.contains("Kotlin"))        // 输出 true
println(set1.union(set2))               // 输出 [Kotlin, Java, Swift]
println(set1.intersect(set2))           // 输出 [Java]
println(set1.subtract(set2))            // 输出 [Kotlin]
val plusSet = set1.plus("C#")
println(plusSet)                        // 输出 [Kotlin, Java, C#]
val minusSet = set1.minus("Java")
println(minusSet)                       // 输出 [Kotlin]
```

输出结果如下。

```
2
false
true
[Kotlin, Java, Swift]
[Java]
[Kotlin]
[Kotlin, Java, C#]
[Kotlin]
```

（3）Map。

表 2-5　Map 的方法和属性

方法和属性	说　　明
size	Map 的大小
isEmpty()	检查 Map 是否为空
containsKey(key：K)	检查 Map 是否包含指定键
containsValue(value：V)	检查 Map 是否包含指定值
get(key：K)	获取指定键对应的值
keys	返回 Map 的键集
values	返回 Map 的值集

具体代码如下所示。

```kotlin
val map = mapOf("Kotlin" to 1, "Java" to 2, "Swift" to 3)
println(map.size)                       // 输出 3
println(map.isEmpty())                  // 输出 false
println(map.containsKey("Java"))        // 输出 true
println(map.containsValue(3))           // 输出 true
println(map.get("Swift"))               // 输出 3
println(map.keys)                       // 输出 [Kotlin, Java, Swift]
println(map.values)                     // 输出 [1, 2, 3]
```

输出结果如下。

```
3
false
```

```
true
true
3
[Kotlin, Java, Swift]
[1, 2, 3]
```

通过示例可以看出，不可变集合在 Kotlin 中是非常有用的，尤其是在需要确保数据不被改变的场景中。这些方法使得不可变集合在使用中更加灵活和方便。

4. 可变集合方法与属性

可变集合提供了一系列的方法和属性，允许开发者对集合进行修改，如添加、删除和更新元素。以下是可变集合的一些常用方法和属性（见表 2-6～表 2-8），以及相应的代码示例和输出结果。

（1）MutableList。

表 2-6　MutableList 的方法和属性

方法和属性	说　　明
add(element：E)	向 MutableList 添加元素
remove(element：E)	从 MutableList 中移除元素
removeAt(index：Int)	移除指定索引处的元素
clear()	清空 MutableList
set(index：Int，element：E)	替换指定索引处的元素
retainAll(elements：Collection＜E＞)	保留 MutableList 中出现在指定 List 中的元素
removeAll(elements：Collection＜E＞)	删除 MutableList 中所有出现在指定 List 中的元素

具体代码如下所示。

```kotlin
val mutableList = mutableListOf("Kotlin", "Java", "Swift")
mutableList.add("C#")
println(mutableList)                      // 输出 [Kotlin, Java, Swift, C#]

mutableList.remove("Java")
println(mutableList)                      // 输出 [Kotlin, Swift, C#]

mutableList.removeAt(0)
println(mutableList)                      // 输出 [Swift, C#]

mutableList.clear()
println(mutableList)                      // 输出 []

mutableList.addAll(listOf("Python", "JavaScript"))
mutableList[1] = "TypeScript"
println(mutableList)                      // 输出 [Python, TypeScript]

val mutableList1 = mutableListOf(1, 2, 3, 4, 5)
val retainElements = setOf(2, 4, 6)
// 保留 mutableList1 中同时存在于 retainElements 中的元素
mutableList1.retainAll(retainElements)
println("After retainAll: $mutableList1")   // 输出 [2, 4]

val mutableList2 = mutableListOf(1, 2, 3, 4, 5)
```

```
val removeElements = setOf(2, 4, 6)
// 移除 mutableList2 中那些存在于 removeElements 中的元素
mutableList2.removeAll(removeElements)
println("After removeAll: $ mutableList2")   // [1, 3, 5]
```

输出结果如下。

```
[Kotlin, Java, Swift, C#]
[Kotlin, Swift, C#]
[Swift, C#]
[]
[Python, TypeScript]
After retainAll: [2, 4]
After removeAll: [1, 3, 5]
```

（2）MutableSet。

表 2-7　MutableSet 的方法和属性

方法和属性	说　明
add(element：E)	向 MutableSet 添加元素
remove(element：E)	从 MutableSet 移除元素
clear()	清空 MutableSet
addAll(elements：Collection＜E＞)	向 MutableSet 添加多个元素
retainAll(elements：Collection＜E＞)	与 MutableList 类似，保留在给定集合中的元素

具体代码如下所示。

```
val mutableSet = mutableSetOf("Kotlin", "Java", "Swift")
mutableSet.add("C#")
println(mutableSet)              // 输出 [Kotlin, Java, Swift, C#]

mutableSet.remove("Java")
println(mutableSet)              // 输出 [Kotlin, Swift, C#]

mutableSet.clear()
println(mutableSet)              // 输出 []
```

输出结果如下。

```
[Kotlin, Java, Swift, C#]
[Kotlin, Swift, C#]
[]
```

（3）MutableMap。

表 2-8　MutableMap 的方法和属性

方法和属性	说　明
put(key：K，value：V)	向 Map 添加键值对
remove(key：K)	移除指定键的键值对
clear()	清空映射
putAll(from：Map＜out K，V＞)	将一个映射的内容添加到另一个映射

具体代码如下所示。

```kotlin
val mutableMap = mutableMapOf("Kotlin" to 1, "Java" to 2, "Swift" to 3)
mutableMap.put("C#", 4)
println(mutableMap)              // 输出 {Kotlin = 1, Java = 2, Swift = 3, C# = 4}

mutableMap.remove("Java")
println(mutableMap)              // 输出 {Kotlin = 1, Swift = 3, C# = 4}

mutableMap.clear()
println(mutableMap)              // 输出 {}

mutableMap.putAll(mapOf("Python" to 5, "JavaScript" to 6))
println(mutableMap)             // 输出 {Python = 5, JavaScript = 6}
```

输出结果如下。

```
{Kotlin = 1, Java = 2, Swift = 3, C# = 4}
{Kotlin = 1, Swift = 3, C# = 4}
{}
{Python = 5, JavaScript = 6}
```

以上示例展示了如何使用可变集合进行元素的添加、删除和更新操作。Kotlin 中的可变集合方法提供了强大的功能，从而对集合的管理更加灵活和高效。

2.2.4　控制流

与 Java 语言一样，Kotlin 提供了多种控制流语句，包括条件语句、循环语句和跳转语句。以下是 Kotlin 中常用的控制流语句的详细介绍与示例。

1. 条件语句

（1）if 最基本的条件控制语句，根据条件的真假执行不同的代码块。

（2）when 类似于 Java 中的 switch，但更强大，可以用作表达式或语句。

示例代码如下所示。

```kotlin
val a = 2
val b = 3
val max = if (a > b) a else b
println("Maximum of $a and $b is $max")

val number = 2
val numberType = when (number) {
    1 -> "One"
    2 -> "Two"
    else -> "Unknown"
}
println("Number $number is $numberType")
```

输出结果如下。

```
Maximum of 2 and 3 is 3
Number 2 is Two
```

2. 循环语句

（1）for 遍历任何提供迭代器的对象。

（2）while 和 do-while 传统的循环结构，while 检查循环条件前执行，do-while 检查条件后执行。

示例代码如下所示。

```kotlin
// 使用 for 循环
println("for 循环")
for (i in 1..3) {
    print(i)
    print(',')
}
println("")
val items = listOf("apple", "banana", "kiwi")
for (item in items) {
    print(item)
    print(',')
}
println("")
// 使用 while 循环
println("while 循环")
var x = 3
while (x > 0) {
    print(x)
    print(",")
    x--
}
println("")
// 使用 do-while 循环
println("do-while 循环")
var y = 3
do {
    print(y)
    print(",")
    y--
} while (y > 0)
```

输出结果如下。

```
for 循环
1,2,3,
apple,banana,kiwi,
while 循环
3,2,1,
do-while 循环
3,2,1,
```

3. 跳转语句

（1）break 终止最近的循环。

（2）continue 继续下一次最近的循环。

（3）return 从最近的函数或匿名函数返回。

示例代码如下所示。

```kotlin
// 使用 break 语句
println("break 语句")
for (i in 1..5) {
    if (i == 3) break
    println(i)
}

// 使用 continue 语句
println("continue 语句")
for (i in 1..5) {
    if (i == 3) continue
    println(i)
}

// 使用 return 语句
println("return 语句")
fun sayHello(name: String): String {
    return "Hello, $ name!"
}
println(sayHello("Kotlin"))        // 输出 Hello, Kotlin!
```

输出结果如下。

```
break 语句
1
2
continue 语句
1
2
4
5
return 语句
Hello, Kotlin!
```

控制流是编程中非常重要的概念，它允许根据不同的条件执行不同的代码路径，使程序具有更大的灵活性和功能性。

2.3 函数、Lambda 表达式和高阶函数

2.3.1 函数定义和调用

函数是执行特定任务的代码块。函数定义和调用是编程中的基础概念，函数可以接受输入参数，执行操作，并可以返回一个值。但 Kotlin 支持顶级函数（不需要在类中定义）、成员函数（定义在类或对象内部），以及局部函数（定义在其他函数内部）。

1. 函数定义

在 Kotlin 中，函数通过关键字 fun 定义，后跟函数名称、参数列表（可选）、返回类型（可选，如果没有返回值则为 Unit）和函数体。具体语法如下所示。

```
fun functionName(param1: Type1, param2: Type2, … ): ReturnType {
    // 函数体
    return value
}
```

如果函数不返回任何值(或者说返回 Unit),则可以省略返回类型及 return 语句。具体示例代码如下所示。

```
// 定义一个函数,接受两个 Int 类型参数,返回它们的和
fun add(a: Int, b: Int): Int {
    return a + b
}
```

2. 函数调用

函数调用很简单,定义函数后,可以通过其名称来调用,并传递所需的参数就可以了。以下是如何调用上面定义的 add 函数,代码如下所示。

```
// 调用函数并打印结果
val sum = add(3, 5)
println(sum)                    // 输出结果 8
```

3. 参数默认值

Kotlin 允许为函数参数指定默认值。如果在调用函数时没有传递这些参数,将使用默认值。具体代码如下所示。

```
// 定义一个函数,其中一个参数有默认值
fun greet(name: String, greeting: String = "Hello") {
    println("$greeting, $name!")
}

// 调用函数时省略有默认值的参数
greet("Liang")                  // 使用默认的问候语
greet("Kotlin", "Welcome")      // 指定自定义的问候语
```

输出结果如下。

```
Hello, Liang!
Welcome, Kotlin!
```

4. 命令参数

在调用函数时,可以通过参数名来指定参数值,这在处理具有多个参数的函数时非常有用。示例代码如下所示。

```
// 使用命名参数调用函数
greet(greeting = "Hi", name = "Liang")
```

输出结果如下。

```
Hi,Liang!
```

5. 单表达式函数

当函数体只有一个表达式时,可以省略花括号,并直接将表达式结果作为返回值。示例

代码如下所示。

```
// 单表达式函数
fun multiply(x: Int, y: Int) = x * y

// 调用单表达式函数
println(multiply(4, 2))    // 输出结果 8
```

输出结果如下。

```
8
```

6. 可变数量的参数

使用 vararg 关键字，可以传递可变数量的参数给函数，这个应用场景很广泛，如在设计一个函数时，需要根据不同的函数调用场景传递不同数量的参数。该功能在其他语言中需要利用函数重载才能实现。示例代码如下所示。

```
// 定义一个接受可变数量参数的函数
fun printAll(vararg messages: String) {
    for (m in messages) println(m)
}

printAll("Hello", "World", "Kotlin", "Rocks")
printAll("多次调用传递不同数量的参数")
printAll("Hello", "World", "Kotlin")
```

输出结果如下。

```
Hello
World
Kotlin
Rocks
多次调用传递不同数量的参数
Hello
World
Kotlin
```

函数是构建程序逻辑的基石，能够帮助开发者组织和重用代码。下面将介绍一个程序中最重要的函数——main()函数。

2.3.2 主函数

如果读者学过其他语言，应该知道绝大多数语言都会有一个 main()函数，它是程序的入口点，在上面示例中无论是数据类型的代码执行还是函数的调用，入口点都应该在主函数中。而 Kotlin 也一样，必须有一个 main()函数。

1. 不带参数的 main()函数

这种形式的主函数适用于不需要从命令行接收参数的程序。示例如下所示。

```
fun main() {
    println("Hello, Kotlin!")
}
```

2. 带参数的 main() 函数

如果程序需要处理来自命令行的输入参数,则可以在 main 函数中包含一个参数,通常命名为 args,它是一个字符串数组。

```
fun main(args: Array<String>) {
    println("Arguments:")
    args.forEach { arg ->
        println(arg)
    }
}
```

其中,args 包含了传递给程序的所有命令行参数。例如,如果在命令行中运行 kotlin MyProgram.kt arg1 arg2 arg3,那么 args 数组将包含["arg1","arg2","arg3"]。

3. 使用@JvmStatic 注解的主函数

Kotlin 最大的优势就是可以与 Java 代码混合一起使用。在 Java 中使用 Kolin 时,可以使用@JvmStatic 注解。这样做可以确保 Kotlin 生成的字节码包含一个静态 main 方法,这对于某些 Java 工具和服务器是必需的。当然这种方法不在本书讨论范围内,仅需了解即可,代码示例如下所示。

```
object Main {
    @JvmStatic
    fun main(args: Array<String>) {
        println("Hello from an object!")
    }
}
```

主函数是 Kotlin 程序的核心,是所有程序执行的起点。根据程序的需要,可以选择最适合的 main() 函数形式来接收参数或者适配特定的环境需求。正确地使用主函数可以使 Kotlin 应用或脚本灵活地处理各种运行时的输入。

2.3.3 Lambda 表达式和匿名函数

1. Lambda 表达式

本节将介绍一个更简洁的函数——Lambda 表达式,其可以用更简洁和更少的代码实现更多的函数功能。该表达式通常用于实现那些不需要多次重用的功能,特别是在函数式编程和高阶函数的上下文中。

Lambda 表达式由一对花括号包围,参数在箭头→的左侧,函数体在右侧,具体示例代码如下所示。

```
// Lambda 表达式示例
val sum: (Int, Int) -> Int = { a, b -> a + b }

// 调用 Lambda 表达式
println(sum(5, 3))       // 输出结果 8
```

Lambda 表达式的主要用途如下。

（1）简化代码。Lambda 表达式通常用于简化那些需要使用匿名类的场景。例如,在使用线程或设置监听器时，Lambda 可以使代码更加简洁明了。

（2）集合操作。在处理集合（如列表、集等）时，Lambda 表达式配合 Kotlin 标准库中的高阶函数（如 map、filter、reduce 等），可以极大简化集合操作的代码，使其更易于阅读和维护。

（3）函数式编程。Kotlin 支持函数式编程的风格，Lambda 表达式是函数式编程中不可或缺的一部分。它允许将函数作为参数传递，或者作为结果返回，这增强了程序的模块性和灵活性。

（4）高阶函数。Lambda 表达式可以被用作高阶函数的参数或返回值。高阶函数是指那些接受函数作为参数或将函数作为返回值的函数。

下面是一个简单的例子，演示了如何在 Kotlin 中使用 Lambda 表达式来过滤列表中的元素。

```
val numbers = listOf(1, 2, 3, 4, 5)
val evenNumbers = numbers.filter { it % 2 == 0 }

println(evenNumbers)      // 输出: [2, 4]
```

输出结果如下。

```
[2,4]
```

在这个例子中，filter 是一个高阶函数（高阶函数将在 2.3.4 节中详细讲解），它接受一个 Lambda 表达式作为参数。Lambda 表达式{it % 2==0}定义了过滤条件，即选择那些偶数的元素。

2. 匿名函数

匿名函数与 Lambda 表达式类似，但它们更像是常规函数的无名版本。与 Lambda 表达式不同的是，匿名函数允许直接指定返回类型。具体示例代码如下所示。

```
// 匿名函数示例
val multiply = fun(x: Int, y: Int): Int {
    return x * y
}

// 调用匿名函数
println(multiply(4, 2))        // 输出结果 8
```

示例中，创建了一个两个数相乘的匿名函数，并赋值给变量 multiply。这个匿名函数接收两个 int 类型参数 x、y，并且返回两个参数相乘的 int 类型值。

可见匿名函数是一种没有名字的函数，它提供了一种灵活的编程手段，可以在需要使用函数但不想命名一个函数时使用。匿名函数可以用作变量的值，或直接在表达式中使用。匿名函数的 4 种主要用途如下。

（1）局部封装逻辑。当需要在代码中封装一段逻辑，但这段逻辑又不足以成为一个完整的函数时，匿名函数是一个很好的选择。它可以帮助保持代码的整洁和组织性。

（2）传递为参数。匿名函数可以直接作为参数传递给高阶函数。这在处理集合、启动新线程或设置事件监听器时特别有用。

（3）返回函数类型。在需要返回一个函数但不希望创建额外的命名函数的情况下,匿名函数可以直接作为返回值。这在设计使用函数作为返回类型的 API 时非常实用。

（4）具有表达式体和代码块体。匿名函数可以有表达式体和代码块体,这使得它在写法上比 Lambda 表达式更灵活。

3. Lambda 表达式与匿名函数的区别

在 Kotlin 中,Lambda 表达式和匿名函数都提供了一种编写短小函数的方式,而不必声明标准的函数语法。尽管它们经常被用于相似的场合,它们之间存在如下关键的区别。

（1）函数定义区别。

Lambda 表达式通常比匿名函数更简洁。它们不需要使用 fun 关键字,也不需要指定参数类型,这些都可以由编译器推断。Lambda 表达式用花括号包围,直接放置代码和参数。

匿名函数需要使用 fun 关键字,参数类型有时必须显式声明,尤其是在编译器无法推断参数类型的情况下。匿名函数可以选择显式返回类型。

（2）返回类型区别。

Lambda 表达式的返回值是最后一个表达式的值,或者可以通过使用 return@lambda 标签来指定返回点。

匿名函数可以使用常规的 return 语句,其行为与常规函数相似,允许在函数体内的任意位置返回。

（3）形式上区别。

Lambda 表达式通常更适用于简短的代码片段。

匿名函数,如果函数逻辑更复杂或需要多个退出点,使用匿名函数更为合适。

下面用代码来展示一下两者的区别。

```
// Lambda 表达式
val sum = { x: Int, y: Int -> x + y }
println(sum(1, 2))        // 输出:3

// 匿名函数
val sum = fun(x: Int, y: Int): Int { return x + y }
println(sum(1, 2))        // 输出:3
```

示例中虽然两种方式都提供了相同的功能,但匿名函数提供了更多的结构化元素(如显式返回类型和常规 return 语句),这在编写更复杂的函数时可能更有用。相对地,Lambda 表达式因其简洁性而在简单函数和传递给高阶函数时更为流行。

Lambda 表达式和匿名函数都为 Kotlin 编程提供了极大的灵活性和表达力,使得代码更加简洁,并且易于理解。它们可以使开发者更好地利用函数式编程的优势,编写出高效且易于维护的代码。

2.3.4 高阶函数

高阶函数在 Kotlin 中是一个非常强大的特性,它允许将函数作为参数传递给其他函数,或者从函数中返回另一个函数。这种能力使得代码更加灵活和表达力更强。高阶函数广泛应用于函数式编程,尤其在处理集合、异步编程和任何需要通用代码模式的场景中尤为重要。

1. 高阶函数的定义

一个函数如果接受另一个函数作为参数，或者其返回值是另一个函数，那么这样的函数就被称为高阶函数。在 Kotlin 中，高阶函数是通过使用函数类型来实现的。函数类型的语法是（参数类型）->返回值类型。

2. 高阶函数的使用

高阶函数可被用于各种场景，如事件处理、集合操作等。下面是一个简单的高阶函数示例，它接受一个函数作为参数，并在内部调用这个函数。

```kotlin
// 定义一个高阶函数,它接受一个函数作为参数
fun operateOnNumbers(a: Int, b: Int, operation: (Int, Int) -> Int): Int {
    return operation(a, b)
}

// 定义一个可以作为参数传递的函数
fun sum(x: Int, y: Int) = x + y

fun main() {
    // 调用高阶函数,并传递函数作为参数
    val result = operateOnNumbers(4, 2, ::sum)
    println(result)        // 输出结果 6
}
```

输出结果如下。

```
6
```

示例中，operateOnNumbers 是一个高阶函数，它接受 3 个参数，其中第 3 个参数 operation 是一个函数类型的参数。这里传递了 sum 函数作为参数，该函数简单地计算两个整数的和。

在 Kotlin 中，::sum 是一个函数引用的示例。它提供了一种方式来直接引用已定义的函数，而不是使用 Lambda 表达式。当需要将一个函数作为参数传递给高阶函数时，可以使用::操作符来引用该函数。当使用::sum 时，实际上是在传递 sum 函数本身，而不是调用它，这样就可以在高阶函数中使用 sum 函数。

3. 高级函数返回函数

高阶函数不仅可以接受函数作为参数，还可以返回一个函数。这样可以根据不同的需求动态地生成特定的函数。具体示例代码如下所示。

```kotlin
// 定义一个高阶函数,返回一个基于给定操作的函数
fun getMathFunction(type: String): (Int, Int) -> Int {
    return when (type) {
        "add" -> { a, b -> a + b }
        "subtract" -> { a, b -> a - b }
        "multiply" -> { a, b -> a * b }
        else -> { _, _ -> 0 }
    }
}
```

```
fun main() {
    val addFunction = getMathFunction("add")
    println("Sum of 5 and 3: ${addFunction(5, 3)}")

    val subtractFunction = getMathFunction("subtract")
    println("Difference between 5 and 3: ${subtractFunction(5, 3)}")
}
```

输出结果如下。

```
Sum of 5 and 3: 8
Difference between 5 and 3: 2
```

示例中，getMathFunction根据传入的字符串参数（如"add"或"subtract"）返回不同的计算函数。这种方式非常适合在需要根据运行时条件选择不同算法或行为的情况。

4. 高阶函数与 Lambda 表达式

高阶函数和 Lambda 表达式一起使用时，可以使代码更加简洁和强大。可以修改高阶函数中的示例代码，直接在 operateOnNumbers 函数调用中使用 Lambda 表达式，而不是传递一个已经定义的函数，示例代码如下所示。

```
// 定义一个高阶函数,它接受一个函数作为参数
fun operateOnNumbers(a: Int, b: Int, operation: (Int, Int) -> Int): Int {
    return operation(a, b)
}

// 使用 Lambda 表达式直接作为参数
val resultLambda = operateOnNumbers(4, 2, { x, y -> x + y })
fun main() {
println(resultLambda)        // 输出结果 6
}
```

输出结果如下。

```
6
```

综上是 Kotlin 中高阶函数的基本概念和使用示例。高阶函数是 Kotlin 函数式编程的核心，其提供了强大的工具，使编码更加抽象和模块化。通过高阶函数，强化了 Kotlin 的函数式编程能力，使操作数据和事件变得更加简洁和直观，读者也可以编写出更灵活、更易于扩展和维护的代码。

2.3.5 内联函数

内联函数是一种特殊的函数，主要用来优化高阶函数的性能。当一个函数被声明为内联时，它的函数体和传递给它的 Lambda 表达式在编译时会被插入调用处，而不是作为一个函数调用。这样可以减少对象的创建和函数调用的开销，特别是在循环和频繁调用的场景中。

1. 内联函数的定义和使用

内联函数使用 inline 关键字来标记，示例代码如下所示。

```
inline fun < T > performOperation(x: T, op: (T) -> Unit) {
    op(x)
}
```

下面的示例展示了如何定义和使用内联函数，以及它在实际使用中的效果。

```
inline fun measureTime(block: () -> Unit) {
    // 获取当前时间
    val start = System.nanoTime()
    // 没有参数且没有返回值的 Lambda 表达式
    block()
    // 获取当前时间
    val end = System.nanoTime()
    println("Time taken: $ {(end - start) / 1_000_000} ms")
}

fun main() {
    measureTime {
        var sum = 0
        for (i in 1..1_000_000) {
            sum += i
        }
        println("Sum: $ sum")
    }
}
```

输出结果如下。

```
Sum: 1784293664
Time taken: 3 ms
```

示例中，measureTime 函数使用了 inline 关键字，使传递给它的 Lambda 表达式在编译时直接内联到调用处，避免了函数调用和额外的内存分配开销。

2. 内联函数使用注意事项

（1）过度使用。虽然内联函数可以提升性能，但过度使用可能导致生成的代码体积增大。因此，推荐只在那些会频繁调用的高阶函数中使用内联。

（2）不适用场景。如果内联函数非常大，或者内联函数中包含复杂的逻辑，那么内联可能不是最佳选择，因为它可能导致编译后的代码膨胀。

内联函数是 Kotlin 语言中一种强大的特性，特别适用于那些包含高阶函数参数的场景，能有效减少运行时的开销，优化程序性能。通过合理利用内联函数，可以在保持代码清晰和模块化的同时，提升应用的执行效率。

2.4 面向对象编程

2.4.1 类和对象

在 Kotlin 中，类和对象是面向对象编程的基本构建块。类是一种蓝图或原型，用于创建具有特定属性（数据）和功能（方法）的对象。对象是类的实例，它们是程序运行时真实存在的实体。

1. 类和对象的概念

类（Class）是一种抽象的数据类型，它定义了一组具有相似属性和方法的对象的集合。类是对象的模板，指定了对象应有的状态和行为。

对象（Object）是类的具体实例，它是根据类的定义创建的，并拥有类中定义的属性和方法。

（1）类的语法。

在 Kotlin 中，使用 class 关键字来声明一个类。类可以包含属性（变量）和函数（方法）。代码示例如下。

```kotlin
class Person(val name: String, var age: Int) {
    fun greet() {
        println("Hello, my name is $ name and I am $ age years old.")
    }
}
```

其中，Person 类有两个属性 name 和 age。name 是一个只读属性（使用 val 声明），而 age 是一个可变属性（使用 var 声明）。此外，Person 类还有一个 greet 方法，用于打印问候语。

（2）对象的创建和使用。

创建一个类的实例，可以简单地调用类的构造函数来实现，代码如下。

```kotlin
val person = Person("Liang", 30)
```

现在 person 是 Person 类的一个对象，可以使用这个对象来调用其方法。

```kotlin
person.greet()
```

输出的结果如下。

```
Hello, my name is Liang and I am 30 years old.
```

2. 类和对象的用处

类和对象是组织和管理代码的强大工具，其作用如下。

（1）封装：将数据和操作这些数据的方法封装在一起。

（2）抽象：隐藏复杂性，只暴露必要的部分。

（3）继承：创建基于现有类的新类，复用代码。

（4）多态：以统一的方式处理不同类的对象。

通过使用类和对象，开发者可以创建复杂的应用程序架构，同时保持代码的清晰性和可管理性。接下来，创建一个具体的类和对象的示例，以一个简单的 Book 类为例，来展示如何在 Kotlin 中定义类、创建对象，并应用基本的面向对象的原则。

（1）定义一个 Book 类。

定义一个 Book 类，其中包含一些基本属性如书名、作者和出版年份，以及一个方法来显示书籍的详细信息。具体示例代码如下所示。

```kotlin
class Book(val title: String, val author: String, val year: Int) {
    fun displayDetails() {
        println("Book: $ title, Written by: $ author, Published in: $ year")
    }
}
```

在这个 Book 类中，title、author、year 是通过主构造函数初始化的属性。使用 val 表示这些属性是只读的，一旦被赋初值后就不能更改。displayDetails()是一个成员函数，用于打印书籍的详细信息。

（2）创建 Book 对象并调用方法。

创建 Book 类的实例，并调用它的方法来显示书籍的信息，具体代码示例如下所示。

```kotlin
fun main() {
    val book = Book("Android AI 应用与开发", "Sun and Liang", 2025)
    book.displayDetails()
}
```

输出结果如下。

```
Book: Android AI 应用与开发, Written by: Sun and Liang, Published in: 2025
```

此示例展示了如何实例化一个类，即如何创建一个对象，然后通过将数据（属性）和相关的行为（方法）封装在一起，使 Book 类成为一个独立的实体。上述示例展示了类和对象的基本用法，是读者学习更高级面向对象特性如继承、接口的基础。

2.4.2　继承、多态和接口

1. 继承

继承是面向对象编程中的一个基本概念，它允许基于一个类（称为父类或基类）创建一个新的类（称为子类或派生类）。子类继承父类的属性和方法，并可以添加新的属性和方法或覆写现有的方法。

在 Kotlin 中，所有的类默认都是 final 的，如果想要允许一个类被继承，需要使用 open 关键字来标记它。具体代码如下所示。

```kotlin
open class Animal(val name: String) {
    open fun eat() {
        println(" $ name eats food")
    }
}

class Dog(name: String) : Animal(name) {
    override fun eat() {
        println(" $ name eats dog food")
    }
}

fun main() {
    val animal = Animal("Generic Animal")
```

```
    animal.eat()

    val dog = Dog("Rex")
    dog.eat()
}
```

输出结果如下。

```
Generic Animal eats food
Rex eats dog food
```

示例展示了如何创建一个可被继承的 Animal 类和一个继承自 Animal 的 Dog 类。Dog 类重写了 eat 方法。

2. 多态

当一个子类继承自父类并重写了父类的方法，那么通过父类引用调用这个方法时，会根据实际对象的类型而执行相应的子类方法，这就是多态。代码示例如下。

```
open class Animal {
    open fun makeSound() {
        println("Animal makes a sound")
    }
}

class Dog : Animal() {
    override fun makeSound() {
        println("Dog barks")
    }
}

class Cat : Animal() {
    override fun makeSound() {
        println("Cat meows")
    }
}

fun main() {
    val animals = listOf(Animal(), Dog(), Cat())

    for (animal in animals) {
        animal.makeSound()
    }
}
```

在这个示例中，有一个基类 Animal，它有一个 oepn 的 makeSound()方法；两个子类 Dog 和 Cat，它们分别重写了 makeSound()方法以表现出不同的声音。

在 main()函数中，创建了一个包含不同动物对象的列表，并使用循环遍历这个列表。在每次迭代中，调用 makeSound()方法。由于多态性的存在，实际上执行的 makeSound()方法取决于对象的实际类型。所以输出结果如下。

```
Animal makes a sound
Dog barks
Cat meows
```

这就是多态，它允许通过通用的方式来处理不同类型的对象。

3. 接口

在 Kotlin 中，接口（interface）是一种定义了一组方法的引用类型，但它并不提供这些方法的实现。类可以通过实现接口来继承这些方法的抽象行为。接口可以包含抽象方法（没有方法体）和默认方法（有方法体）。接口不存储状态，它可以有属性，但必须声明为抽象或提供访问器的实现。具体代码示例如下。

```kotlin
// 定义一个接口
interface Clickable {
    fun click()
    fun showOff() = println("I'm clickable!")   // 默认方法
}

// 实现接口
class Button : Clickable {
    override fun click() = println("Button clicked")
}

fun main() {
    val button = Button()
    button.click()                              // 输出 "Button clicked"
    button.showOff()                            // 输出 "I'm clickable!"
}
```

输出结果如下。

```
Button clicked
I'm clickable!
```

示例中，Clickable 接口定义了一个抽象方法 click()和一个默认方法 showOff()。Button 类实现了 Clickable 接口的行为。在 main()函数中，创建了一个 Button 对象，并调用了它的 click()和 showOff()方法。

接口是实现多态的一种方式，允许开发者定义由多个类实现的通用协议。

2.4.3 数据类

在 Kotlin 中，数据类是一种特殊类型的类，它们主要用于存储数据。Kotlin 的数据类可以非常方便地提供诸如 equals()、hashCode()、toString()等功能，而不需要手动实现这些方法。数据类非常适合用作模型类，在各种数据处理中都非常有用。

1. 数据类的基本要求

（1）主构造函数至少有一个参数。

（2）所有主构造函数参数需要标记为 val 或 var。

（3）数据类不能是抽象、开放、密封或者内部的。

2. 数据类内置功能

（1）equals()/hashCode()：根据数据类的属性自动生成。

（2）toString()：显示类名及其属性值，方便调试。

（3）copy()：允许复制对象，同时可以修改一些属性。

（4）componentN（）：按声明顺序对应于所有属性，支持解构声明。

3. 定义数据类

下面代码用于定义一个用户数据类。

```
data class User(val name: String, val age: Int)
```

在 main()函数中使用该数据类。

```
fun main() {
    // 创建 User 对象
    val user1 = User("Liang", 30)

    // 使用 toString
    println(user1)                          // 输出 User(name = Liang, age = 30)

    // 创建一个新对象,修改 age 属性
    val user2 = user1.copy(age = 35)

    // 比较两个对象
    println(user1 == user2)                 // 输出 false,因为 age 属性不同

    // 解构声明
    val (name, age) = user1
    println("Name: $ name, Age: $ age") // 输出 Name: Liang, Age: 30
}
```

在上面的示例中,可以看到数据类是如何简化操作并自动提供必要的方法的。这使得数据类特别适合作为传输数据的模型,或者在需要存储数据时使用。

2.5 高级特性

在 Kotlin 中,高级特性包括扩展函数、泛型以及其他强大的工具,这些功能极大地提高了代码的灵活性和表达力。泛型则允许编写在多种数据类型上操作的通用代码。下面将详细讲解这些内容。

2.5.1 扩展函数和属性

扩展函数和属性提供了一种强大的功能,允许开发者向现有类添加新的方法和属性,而无须从这些类继承或修改它们的代码。这使得开发者可以在不触及原有类源代码的情况下,为类增加功能。

1. 扩展函数

扩展函数是定义在类之外的函数,它可以像类内部定义的方法一样被调用。扩展函数使用接收者类型的实例作为其上下文,允许为任何类添加新的函数,就像这些函数是那个类的一部分一样。

具体语法如下所示。

```
fun ReceiverType.functionName(params): ReturnType {
    // 函数体
}
```

假设需要为 String 类型添加一个方法,用于反转字符串中的字符,就可以直接在 String 类上添加一个扩展函数来实现,示例代码如下所示。

```
// 为 String 类添加一个扩展函数
fun String.reverse(): String = this.reversed()

fun main() {
    val original = "hello"
    val reversed = original.reverse()
    println("Original: $ original")
    println("Reversed: $ reversed")
}
```

输出结果如下。

```
Original: hello
Reversed: olleh
```

示例中,reverse 扩展函数为 String 类型添加了一个新的功能,使得任何字符串对象都可以直接调用这个方法。

2. 扩展属性

扩展属性允许为现有的类添加新的属性。由于扩展属性不会真正地插入类中,所以它们没有实际的字段支持,这意味着必须为它们提供一个 getter,如果属性是可变的,还需要提供一个 setter。

具体语法如下所示。

```
val ReceiverType.propertyName: PropertyType
    get() = // 定义 getter

var ReceiverType.propertyName: PropertyType
    get() = // 定义 getter
    set(value) { // 定义 setter
        // 属性设置逻辑
    }
```

假设需要继续为 String 类型添加一个扩展属性,用来获取字符串的中间字符,具体代码如下所示。

```
// 扩展属性
val String.middleCharacter: Char
    get() = this[this.length / 2]

fun main() {
    val word = "kotlin"
    val middleCharacter = word.middleCharacter
    println("Middle character of '$ word' is '$ middleCharacter'")
}
```

输出结果如下。

```
Middle character of 'kotlin' is 'l'
```

扩展属性 middleCharacter 使任何 String 对象都可以直接获取其中间的字符。

通过上述这些示例可以看出,扩展函数和属性的强大之处在于其简洁性和强大的表达力,它们可以使开发者轻松地为现有的类或接口添加功能,而无须修改原有的源代码。这样不仅增加了代码的可维护性,还能提升整体的开发效率。

2.5.2　泛型和集合操作

1. 泛型

泛型是一种在编程语言中实现代码抽象和重用的工具,允许开发者在定义类、接口或方法时不指定具体的数据类型。在 Kotlin 中,泛型被广泛应用于类定义、函数和属性,使代码可以适用于多种数据类型。

(1)使用场景。

泛型使得类或函数能够参数化类型。在定义类、接口或函数时,可以使用类型参数,这样,它们就可以在多种数据类型上工作,而不仅限于一个。

(2)代码示例。

定义一个泛型类 Box,它可以存储任何类型的数据,并提供方法来获取存储的数据。

```kotlin
class Box<T>(private val content: T) {
    fun retrieve(): T = content
    override fun toString() = "Box contains: $ content"
}

fun main() {
    val intBox = Box(123)
    val stringBox = Box("Hello Kotlin")

    println(intBox.retrieve())    // 输出:123
    println(stringBox)            // 输出:Box contains: Hello Kotlin
}
```

输出结果如下。

```
123
Box contains: Hello Kotlin
```

2. 集合

集合操作包括一系列的方法,用于处理集合(如列表、集和映射等)。Kotlin 标准库中的集合 API 提供了丰富的函数,用于过滤、映射、排序、聚合等操作。

(1)使用场景。

集合操作用于处理数据集合,如从数据库查询结果中提取信息,或者对用户输入进行处理。

(2)代码示例。

下面代码展示了如何使用 Kotlin 的集合 API 进行数据过滤和映射。

```kotlin
fun main() {
    val numbers = listOf(1, 2, 3, 4, 5)
    val evenNumbers = numbers.filter { it % 2 == 0 }
```

```
        val doubledNumbers = numbers.map { it * 2 }

        println("Even numbers: $ evenNumbers")        // 输出:Even numbers: [2, 4]
        println("Doubled numbers: $ doubledNumbers") // 输出:Doubled numbers: [2, 4, 6, 8, 10]
}
```

输出结果如下。

```
Even numbers: [2, 4]
Doubled numbers: [2, 4, 6, 8, 10]
```

这些示例展示了泛型和集合操作如何在实际编程中被应用，可提高代码的灵活性和效率。通过使用泛型，可以创建灵活的、类型安全的程序，而集合操作使得数据处理更加简洁和易于理解。

2.6　协程

2.6.1　协程的概念和优势

1. 概念和使用场景

协程是一种轻量级的线程，它可以挂起和恢复，而不会阻塞线程。这意味着协程可以在等待操作完成时释放线程，使其他协程或操作使用该线程。在 Kotlin 中，协程是用于简化异步编程和提高代码可读性的一种工具。它们允许开发者写出顺序的代码来执行异步操作，这样可以避免传统的回调地域，并使得代码更加直观。

协程在处理耗时的任务时非常有用，特别是在以下 3 种场景中。

（1）异步任务。例如网络 API 调用、读写文件、数据库操作等。

（2）并发执行。同时执行多个任务，而不会造成线程阻塞。

（3）UI 编程。在 Android 等平台上，协程可以帮助在主线程上更新 UI，而不会造成界面卡顿。

2. 工作原理及优势

协程在执行时可以挂起（suspend）和恢复（resume），而这种挂起不会阻塞线程，这是通过 Kotlin 的挂起函数（suspend function）实现的。挂起函数可以在不消耗额外线程资源的情况下，暂停当前协程的执行，并在条件满足时恢复执行。

协程的优势可以分为以下 4 点。

（1）简化异步编程。协程通过挂起函数提供了一种更简单的处理异步操作的方法，使得代码更易于理解和维护。

（2）避免回调地狱。协程允许写出顺序的代码结构来处理异步任务，从而避免了嵌套回调的复杂性。

（3）提高性能。协程可以在单个线程上并发运行多个任务，减少了线程创建和上下文切换的开销。

（4）结构化并发。协程提供了结构化的并发编程模式，使得启动和管理并发任务变得更加容易。

3. 简单协程示例

下面的代码展示了如何使用协程执行一个简单的延时操作,该操作不会阻塞主线程。

```
import kotlinx.coroutines.*

fun main() = runBlocking {          // 创建主协程
    launch {                        // 在后台启动一个新的协程
        delay(1000L)                // 非阻塞地等待 1s
        println("World!")           // 在延时后打印输出
    }
    println("Hello")                // 主协程在协程延时时继续执行
}
```

输出结果如下。

```
Hello
World!
```

示例中,runBlocking 和 launch 是用于启动协程的构建器,delay 是一个挂起函数,它会暂停当前协程的执行,而不阻塞底层的线程。

2.6.2　协程构造器:launch 和 async

在 Kotlin 中,launch 和 async 是两个基本的协程构造器,它们用于在协程作用域内启动新的协程。但这两个构造器有不同的用途和行为。

1. launch 构造器

launch 用来启动一个新的协程,它不会阻塞当前线程并且不会直接返回结果。但 launch 会返回一个 Job 对象,可以用来管理协程的生命周期,例如取消协程。

launch 主要适用于那些不需要返回值的异步操作场景,例如后台日记记录、发送分析数据以及执行一个不需要返回结果的并发操作。

在 2.6.1 节的代码示例中已经展示了如何用 launch 构造器创建一个协程,这里就不再展示。

2. async 构造器

async 用于启动一个新的协程,并返回一个 Deferred 对象,这是一个轻量级的非阻塞的 future,它表示一个将来会提供结果的承诺。通过 await()方法,开发者可以在需要时获取这个结果,而 await()会挂起协程直到结果可用。

async 主要适用于需要并发执行多个任务并获取它们结果的场景,如并行发起网络请求或者并行读取多个文件。具体代码如下所示。

```
import kotlinx.coroutines.*

fun main() = runBlocking {
    val deferred = async {          // 启动一个新的协程并从中返回一个结果
        delay(1000L)                // 模拟一个长时间运行的计算
        "Hello from async"          // 返回结果
    }
    val res = deferred.await()
```

```
println("Waiting for async...")        // 主线程中的代码会立即执行
println(res)                           // 等待并获取 async 协程的结果
}
```

输出结果如下。

```
Waiting for async...
Hello from async
```

3. 比较 launch 和 async

（1）launch 用于执行不需要结果的任务，简单地启动一个协程。

（2）async 用于执行需要结果的任务，通过 Deferred 对象提供一种方式来访问这个结果。

这两个构造器是 Kotlin 协程提供的最基础也最强大的工具，它们可以用于处理各种复杂的异步编程问题，大大简化代码并提高程序的性能。

2.6.3　挂起函数

在 Kotlin 中，挂起函数是协程的一个核心概念，它允许以一种非阻塞的方式执行长时间运行的任务，如网络请求或数据库操作。挂起函数可以在执行过程中暂停，等待某个操作完成，然后继续执行，而不会阻塞主线程。

挂起函数使用 suspend 关键字来标识。这意味着该函数只能在协程或其他挂起函数中被调用。挂起函数可以调用其他挂起函数，但不能从常规函数中直接调用。基本语法如下所示。

```
suspend fun performTask() {
    // 这里可以进行耗时操作，如 I/O 操作或网络请求
}
```

下面展示如何在协程中进行网络请求，具体代码如下所示。

```
import kotlinx.coroutines.*

// 定义一个挂起函数
suspend fun fetchDocs() {
    delay(1000L)                // 模拟网络请求，延迟 1s
    println("Fetched the docs")
}

fun main() = runBlocking {
    launch {
        fetchDocs()             // 调用挂起函数
    }
}
```

示例中，fetchDocs 是一个挂起函数，它使用 delay 函数来模拟一个耗时的网络请求。main()函数中的 runBlocking 构建器创建了一个协程环境，launch 构建器在这个环境中启动了一个新的协程来调用 fetchDocs。

挂起函数通常会在以下 4 个场景中使用。

（1）网络请求。执行 HTTP 请求并处理响应。

（2）数据库操作。进行数据库查询或更新操作。

（3）文件操作。读取或写入文件数据。

（4）任何需要耗时的操作。在需要等待操作结果的地方，挂起函数可以简化代码，避免回调地域。

挂起函数是 Kotlin 异步编程的强大工具，它使编写异步代码就像编写同步代码一样简单，从而大大提高了代码的可读性和可维护性。

2.6.4　协程上下文和调度器

协程上下文和调度器在 Kotlin 协程中扮演着核心的角色，它们定义了协程的运行行为和协程在哪个线程或线程池上执行。这些组件是管理 Kotlin 协程并发性的基础。

1. 协程上下文

协程上下文（Coroutine Context）是一组相关属性的集合，它们定义了协程的行为。其中最重要的属性是调度器（CoroutineDispatcher），它决定了协程应该在哪个线程或线程池上执行。协程上下文还可以包括其他信息，如协程的名称、协程的 Job，以及用于调试和异常处理的其他元素。

2. 调度器

调度器决定了协程在哪个线程或线程池上执行，Kotlin 提供了如下 4 种标准的调度器。

（1）Dispatchers.Default。用于 CPU 密集型任务的共享后台线程池。这是默认的调度器。

（2）Dispatchers.IO。用于 I/O 密集型任务的共享线程池。

（3）Dispatchers.Main。用于 UI 操作的主线程（仅限 Android）。

（4）Dispatchers.Unconfined。在调用者线程启动协程，但只是运行到第一个挂起点。

3. 代码示例

下面的示例展示了如何使用不同的调度器来执行协程。

```
import kotlinx.coroutines. *

fun main() = runBlocking {
    // 在主线程运行
    launch(Dispatchers.Main) {
        println("Main thread: ${Thread.currentThread().name}")
    }

    // 在后台线程池运行
    launch(Dispatchers.Default) {
        println("Default thread: ${Thread.currentThread().name}")
    }

    // 在专用于 I/O 操作的线程池运行
    launch(Dispatchers.IO) {
        println("IO thread: ${Thread.currentThread().name}")
    }
```

```
    // 在调用者线程运行(在这里是主协程的线程)
    launch(Dispatchers.Unconfined) {
        println("Unconfined thread: ${Thread.currentThread().name}")
    }
}
```

输出结果如下。

```
Unconfined thread: main
Default thread: DefaultDispatcher-worker-1
IO thread: DefaultDispatcher-worker-2
```

这个例子需要注意，Dispatchers.Main 在非 Android 或 JavaFX 应用程序中无法使用，除非手动安装了对应的 Main 调度器。

通过理解协程上下文和调度器，读者可以更好地控制协程的执行和调度，从而编写出高效且响应性强的应用程序。

2.6.5　协程作用域

协程作用域（Coroutine Scope）是 Kotlin 协程中的一个关键概念，它定义了协程的运行范围和生命周期。协程作用域确保了协程的结构化并发，这意味着协程的启动和取消都是在一个明确的作用域内进行的。

协程作用域通常用于以下两种场景。

（1）限定生命周期。在 Android 开发中，协程作用域可以与 Activity 或 Fragment 的生命周期相绑定，以防止内存泄漏。

（2）并发任务组织。当需要组织多个并发任务，并希望它们作为一个整体进行管理时。

协程作用域是一个接口，它包含一个 CoroutineContext。每个协程都需要在某个作用域内启动，这个作用域负责跟踪协程的执行并在必要时取消它们。这意味着当作用域被取消时，其内所有的协程也会被自动取消。下面的示例演示了如何使用协程作用域以及结构化并发。

```
import kotlinx.coroutines.*

fun main() = runBlocking {    // 这里的 runBlocking 创建了一个协程作用域
    launch {                  // 在 runBlocking 的作用域下启动一个新的协程
        delay(1000L)
        println("Task from runBlocking")
    }

    coroutineScope {          // 创建一个新的协程作用域
        launch {
            delay(1500L)
            println("Task from nested launch")
        }

        delay(500L)
        println("Task from coroutineScope") // 这将在内嵌 launch 之前输出
    }
```

```
    println("Coroutine scope is over")    // 这一行在内嵌的 coroutineScope 完成后才打印
}
```

输出结果如下。

```
Task from coroutineScope
Task from runBlocking
Task from nested launch
Coroutine scope is over
```

这个示例展示了如何在不同层级的协程作用域内启动协程,并展示了作用域如何影响协程的执行和取消。通过 coroutineScope 可以看到结构化并发的优点,即确保所有子协程完成后,才继续执行后续代码。

通过使用协程作用域,可以确保协程的管理和资源的正确释放,从而编写出更安全、更高效的并发代码。

2.7 类型检查与转换

2.7.1 is 和 as 操作符

1. 类型检查:is 和!is 操作符

Kotlin 使用 is 和!is 操作符来检查一个实例是否属于某个特定类型。这类似于 Java 中的 instanceof 关键字。

(1) is。用于检查一个实例是否属于特定类型。如果实例属于该类型或其子类型,返回 true。

(2) !is。用于检查一个实例是否不属于特定类型。如果实例不属于该类型或其子类型,返回 true。

代码示例如下所示。

```
val obj: Any = "This is a string"

if (obj is String) {
    println("Obj is a String")
}

if (obj !is Int) {
    println("Obj is not an Int")
}
```

输出结果如下。

```
Obj is a String
Obj is not an Int
```

2. 显示类型转换:as 和 as? 操作符

as 用于非空类型转换,而 as? 提供了安全转换功能,如果转换不成功则返回 null。

(1) as。用于将实例强制转换为指定类型。如果转换失败,则会抛出一个异常(ClassCastException)。

（2）as?。安全的类型转换操作符，它会尝试将实例转换为指定类型，如果转换失败，则返回 null，而不是抛出异常。

代码示例如下所示。

```
val obj: Any = "This is a string"

// 不安全的转换，可能会抛出异常
val str: String = obj as String

// 安全的转换，不会抛出异常
val safeStr: String? = obj as? String
```

3. 智能类型转换

在许多情况下，Kotlin 能够智能地处理类型转换。如果已经通过类型检查验证了对象类型，则 Kotlin 允许在该条件分支中直接使用该类型的属性和方法，无须显式转换。代码示例如下所示。

```
fun printStringLength(any: Any) {
    if (any is String) {
        // any 自动转换为 String 类型
        println(any.length)
    }
}
```

2.7.2　类型检查与转换的使用场景

类型检查与转换是确保变量类型安全和执行类型转换的重要机制，下面来介绍一下什么情况下使用它们。

（1）多态和类型安全。在处理多态对象时，可能需要根据实际类型执行不同的操作。

（2）外部库的类型转换。使用外部库返回 Any 类型的数据时，可能需要将其转换为具体的类型。

（3）避免异常（ClassCastException）。在执行类型转换之前进行类型检查，可以避免运行时异常。

下面代码示例展示了类型检查和转换综合使用场景。

```
fun process(input: Any) {
    if (input is String) {
        println("String length: ${input.length}")   // 使用 is 检查并智能转换
    } else {
        val message = input as? String ?: "Not a string"
        println(message)   // 使用 as? 进行安全转换，失败时提供默认值
    }
}

fun main() {
    process("Hello Kotlin")
    process(123)
}
```

输出结果如下。

```
String length: 12
Not a string
```

这个例子展示了如何在实际程序中应用类型检查和转换，以确保类型安全性并防止运行时错误。这些技巧在处理不确定类型的数据时尤为重要，可以显著提高程序的健壮性和错误处理能力。

2.8 可见性修饰符和委托

2.8.1 可见性修饰符

可见性修饰符用于控制类、对象、接口、构造函数、函数、属性及其设置器的可见性和可访问性。这些修饰符帮助开发者控制哪些部分的代码可以在应用程序的其他地方被访问，从而保护对象的状态不被意外修改，并确保组件的内部实现的隐藏性。以下是 Kotlin 中的四种可见性修饰符。

（1）public（默认）：成员在任何地方都可见。

（2）private：成员只在其定义的类或文件内部可见。

（3）protected：成员在其类及所有子类中可见。

（4）internal：成员在同一模块内可见。

代码示例如下所示。

```
open class Sample {    // 将类标记为 'open' 以便可以被继承
    private val privateVar = "I am private"
    protected open val protectedVar = "I am protected"    // 开放以便重写
    internal val internalVar = "I am internal"
    val publicVar = "I am public"                          // 默认是公开的

    private fun showPrivate() {
        println(privateVar)
    }

    protected open fun showProtected() {
        println(protectedVar)
    }

    internal fun showInternal() {
        println(internalVar)
    }

    fun showPublic() {
        println(publicVar)
    }
}

class SubSample : Sample() {
    // 访问和扩展 'protected' 成员
```

```
        override val protectedVar = "I am protected and extended"

        override fun showProtected() {
            super.showProtected()     // 调用基类方法打印 "I am protected"
            println(protectedVar)     // 打印 "I am protected and extended"
        }
    }

fun main() {
    val sample = Sample()
    sample.showPublic()           // 输出：I am public
    sample.showInternal()         // 输出：I am internal

    val subSample = SubSample()
    // subSample.showProtected()
    // 如果在这里调用会出错，因为这个方法不能在 SubSample 类的外部上下文中调用
    // 测试 internal 和 public 的可见性
    subSample.showPublic()        // 输出：I am public
}
```

输出结果如下。

```
I am public
I am internal
I am public
```

通过上面代码再详细介绍一下 private、protected、internal 和 public 4 个修饰符的具体作用。

1. private

（1）privateVar 是一个私有变量，这意味着它只能在定义它的类 Sample 内部被访问。外部类和继承了 Sample 的类都无法访问这个变量。

（2）showPrivate()是一个私有方法，同样只能在其所在类 Sample 内部被调用。

2. protected

（1）protectedVar 是一个被标记为 protected 的变量，它可以在 Sample 类和任何从 Sample 继承的类中被访问。在 SubSample 类中，这个变量被覆写，并且可以通过 showProtected()方法在 SubSample 的内部被访问和修改。

（2）showProtected()是一个 protected 方法，意味着它可以在 Sample 类及其子类中被访问。在 SubSample 类中，这个方法被重写以展示 protectedVar 变量的新值。

3. internal

（1）internalVar 是一个内部变量，用 internal 修饰。它可以在相同的模块中被访问。模块是一组一起编译的 Kotlin 文件。

（2）showInternal()是一个内部方法，与 internalVar 相同，只能在同一个模块中被访问。

4. public

（1）publicVar 是一个公共变量，没有明确的访问修饰符，因为 public 是默认的。它可以在任何地方被访问。

（2）showPublic()是一个公共方法，可以在任何地方被调用。

2.8.2　委托

委托是一种设计模式，允许对象将一些职责委托给另一个辅助对象，从而避免子类化的复杂性和继承带来的限制。Kotlin 对委托提供了原生支持，可以通过 by 关键字轻松实现，这样使其实现更为简单和直接。以下是使用委托的优势。

（1）减少样板代码。委托模式可以减少重复的代码，因为不需要在委托类中实现所有的接口方法，只需将这些职责委托给另一个对象。

（2）增强灵活性。委托使得更改类的行为变得更加灵活，因为可以通过更换委托对象来更改类的行为。

（3）避免继承的限制。委托是继承的一个很好的替代品，特别是在 Kotlin 中，它避免了继承带来的层级限制。

代码示例如下所示。

```
// 定义一个接口
interface Base {
    fun print()
}

// 实现该接口的被委托的类
class BaseImpl(val x: Int) : Base {
    override fun print() { println(x) }
}

// 通过委托将接口的实现委托给另一个对象
class Derived(b: Base) : Base by b

fun main() {
    val b = BaseImpl(10)
    Derived(b).print()    // 输出结果：10
}
```

示例中，Derived 类通过使用 by 关键字，将 Base 接口的实现委托给了 BaseImpl 类的一个实例。当调用 Derived(b).print()时，实际上是调用了 b.print()，即 BaseImpl 类的 print 方法。

这种委托方式简化了代码，并允许 Derived 类在不直接实现 Base 接口方法的情况下，获得 BaseImpl 的实现。这就是 Kotlin 中委托模式的强大之处。

2.9　空安全性

Kotlin 的空安全性（Null Safety）是该语言的一个核心特性，它旨在消除代码中的空引用（null references）错误。在 Kotlin 中，所有的类型默认都是非空的，如果需要一个变量为 null，则必须明确地标记它。

2.9.1 空安全性的基本概念

1. 非空类型和可空类型

（1）非空类型。默认情况下，Kotlin 的所有类型都是非空的。尝试将 null 赋值给非空类型的变量将在编译时报错。

（2）可空类型。通过在类型后面加上"?"来声明一个变量可以持有 null 值。例如，String? 表示"可以接受 String 类型或 null"。

代码示例如下。

```
var a: String = "abc"
// a = null                          // 编译错误

var b: String? = "abc"
b = null                            // 正确
```

2. 安全调用操作符?.

安全调用操作符"?."允许在调用对象的方法或属性前先检查该对象是否为 null，如果对象为 null，那么方法或属性不会被调用，整个表达式返回 null。

代码示例如下。

```
val name: String? = null
println(name?.length)               // 输出 null 而不是抛出异常
```

3. Elvis 操作符?:

Elvis 操作符"?:"允许在左侧表达式为 null 时提供一个默认值。这在需要给可空类型的变量或表达式提供回退值时非常有用。

代码示例如下。

```
val name: String? = null
val length = name?.length ?: 0   // 如果 name 是 null,则使用 0
println(length)                     // 输出 0
```

4. 非空断言操作符!!

非空断言操作符"!!"用于确认在一个变量不为 null 时强制将其转换为非空类型，如果变量为 null，则抛出 NullPointerException。

代码示例如下。

```
val name: String? = null
println(name!!.length)              // 抛出 NullPointerException
```

2.9.2 使用场景举例

在 Kotlin 中处理空安全性时，实际应用场景非常多，尤其是在与用户输入、数据库、网络请求等可能返回空值的操作中。具体的使用场景和相应的代码示例举例如下。

1. 处理可空用户输入

在实际应用中，我们经常需要处理来自用户的可能为 null 的输入。使用 Kotlin 的空安全性特性,开发者可以优雅地解决这类问题。代码示例如下所示。

```kotlin
fun printUserEmail(userEmail: String?) {
    println("E-mail: ${userEmail ?: "未提供邮箱"}")
}

fun main() {
    printUserEmail(null)                     // 输出 "E-mail: 未提供邮箱"
    printUserEmail("example@example.com")    // 输出 "E-mail: example@example.com"
}
```

输出结果如下。

```
E-mail: 未提供邮箱
E-mail: example@example.com
```

这个示例使用了 Elvis 操作符"?:"来提供一个默认值,以防用户输入为 null。这种处理方式既简洁又有效,避免了程序在运行时因为 null 而崩溃。

2. 安全地处理来自远程数据源的数据

在从数据库或网络 API 获取数据时,经常会遇到 null 值的情况。开发者需要安全地处理这些数据,以防止应用出现运行时错误。

```kotlin
data class UserProfile(val name: String?, val age: Int?)

fun printProfile(profile: UserProfile) {
    val userName = profile.name ?: "匿名用户"
    val userAge = profile.age ?: "未知年龄"
    println("用户姓名: $userName, 年龄: $userAge")
}

fun main() {
    val userProfile = UserProfile(null, 25)
    printProfile(userProfile)                // 输出 "用户姓名:匿名用户,年龄:25"
}
```

输出结果如下。

```
用户姓名:匿名用户,年龄:25
```

示例中,处理了可能为 null 的 name 和 age 字段。通过使用"?:"操作符,为可能的 null 值提供了默认值,保证了程序的健壮性。

3. 强制要求非 null 值

当确信某个变量在使用前已经被赋值且非 null 时,可以使用"!!"操作符来强制转换。但请注意,这种方式如果处理不当会引发 NullPointerException 异常。

```kotlin
fun processNonNullData(data: String?) {
    val nonNullData: String = data!!     // 显式断言,这里我们确信 data 非 null
    println(nonNullData.length)
}

fun main() {
```

```
        processNonNullData("确保这里非空")
        // processNonNullData(null)      // 这将抛出 NullPointerException
}
```

示例演示了"!!"操作符的使用，它强制要求 data 非 null，否则会抛出异常。这种方式虽然简洁，但使用时需要非常小心，确保不会传入 null 值。

通过上述示例，可以看到 Kotlin 的空安全性特性如何在不同的实际场景中提供安全、简洁和有效的编码解决方案。这些特性极大地减少了常见的空引用错误，提高了应用的稳定性和可靠性。

实训一

使用 Kotlin 编写一个程序，计算一个列表中所有整数的总和，并找出列表中的最大值和最小值。使用 Kotlin 的集合操作符来完成任务。

实训二

使用 Kotlin 创建一个"学生成绩管理"类，包含学生姓名和分数两个属性。编写函数用于添加新学生、计算所有学生的平均分数，并打印所有学生的详细信息。

第 < 3 > 章

Android UI设计

视频讲解

知识目标

(1) 熟练掌握布局基础相关知识及布局组件的用法。

(2) 理解并熟练掌握 Compose 控件与交互的应用。

(3) 掌握基本 Compose 动画和图形处理能力。

(4) 了解常用高级 UI 设计技术(如 Material Design 3 组件)应用、主题和动态配色等。

技能目标

(1) 能够运用基础布局组件来构建应用界面。

(2) 能够在 Jetpack Compose 中管理和实现用户交互,并能够使用不同的控件和技术来处理用户输入。

(3) 能够在 Compose 中实现动画效果,处理矢量图形和自定义绘图。

思维导图

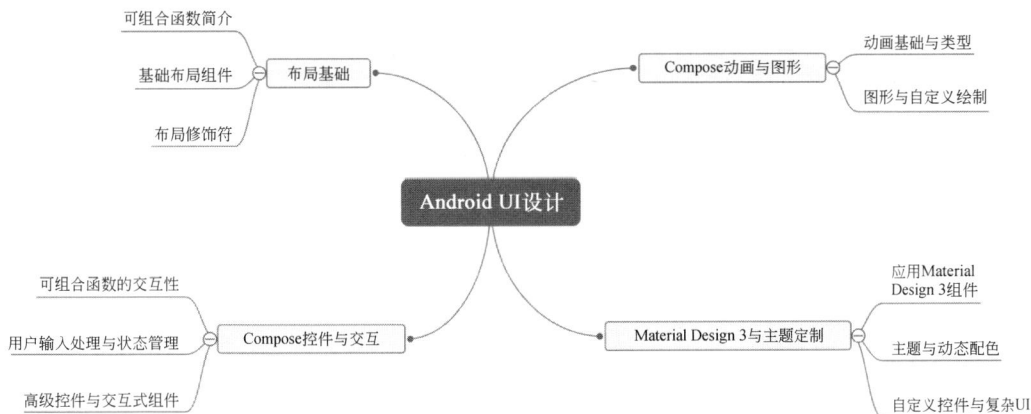

3.1 布局基础

在 Android 应用开发中,布局与控件是构建用户界面的基础。理解和选择合适的布局管理器是创建有效界面的关键。布局管理器帮助开发者组织界面上的控件(如按钮、文本视图等),以适应不同的屏幕尺寸和方向。本节将详细介绍 Jetpack Compose 中的布局基础,帮助读者理解如何使用 Compose 的基础布局组件来构建应用界面。

3.1.1 可组合函数简介

在 Jetpack Compose 中,可组合函数是构建和描述用户界面的基本构建块。这些函数以声明式的方式描述 UI 的状态,当状态变化时,系统自动重新执行这些函数来更新界面。这种方法简化了 UI 开发,使得状态的管理更直接和清晰。

1. 定义可组合函数方法

可组合函数是带有"@Composable"注解的函数,这些函数可以接收参数,参数可以是普通的 Kotlin 类型或者其他可组合函数。当参数发生变化时,函数体将被重新执行来反映新的状态。

打开 1.3 节所创建的 Hello World 项目,在 MainActivity. kt 文件中可以找到使用"@Composable"注解的 Greeting 函数。代码示例如下所示。

```
@Composable
fun Greeting(name: String, modifier: Modifier = Modifier) {
    Text(
        text = "Hello $ name!",
        modifier = modifier
    )
}
```

代码中 Greeting 是一个可组合函数,它接受了两个参数,第一个参数为 String 类型参数传递给内部 Text 组件来使用,第二个参数 modifier 是一个 Modifier 类型的参数,关于 Modifier 内容会在 3.1.3 节中详细讲解。

可组合函数也可以嵌套调用使用,下面代码展示了一个简单的嵌套调用。

```
import androidx. compose. foundation. layout. Column
import androidx. compose. foundation. layout. fillMaxSize
import androidx. compose. material3. Text
import androidx. compose. runtime. Composable
import androidx. compose. ui. Modifier
import androidx. compose. ui. tooling. preview. Preview

@Composable
fun NestedExample() {
    Column(
        modifier = Modifier.fillMaxSize()
    ) {
        Text("Outer Text")
        InnerComponent()
    }
}

@Composable
fun InnerComponent() {
    Text("Inner Text")
}
```

```
@Preview(showBackground = true)
@Composable
fun NestedExamplePreview() {
    NestedExample()
}
```

具体预览效果如图 3-1 所示。

图 3-1　定义可组合函数嵌套效果

示例中，NestedExample 是一个可组合函数，它包含一个 Column，其中包含了一个外部文本和一个嵌套的 InnerComponent。InnerComponent 是另一个可组合函数，它显示一个内部文本。

这种嵌套调用的方式允许开发者构建复杂的 UI 层次结构，将小的可组合函数组合成更大的 UI 组件。

2. 可组合函数的特点

（1）声明式语法。可组合函数使用声明式语法来描述 UI 的状态和外观。只需定义 UI 应该是什么样子，而不需要关心具体的操作步骤，这个比传统 XML 布局更加高效灵活。

（2）嵌套调用。可组合函数可以嵌套调用，形成 UI 树状结构。这意味着可以将小的可组合函数组合成更大的 UI 组件。例如，可以在一个 Column 中嵌套多个 Text 组件，以创建一个垂直排列的文本列表。

（3）自动重绘。当状态发生变化时，Compose 会自动重新绘制相关的 UI 部分。这是因为可组合函数是响应式的。因此开发者只管编写函数里的逻辑状态即可，无须像传统 XML 布局方式一样使用查找视图、设置视图属性等步骤手动更新 UI。

（4）高度可定制化。可组合函数可以接受参数，使得它们可以高度定制复用，开发者可以根据需要传递不同的参数来灵活改变 UI 的外观和行为。

（5）更好的性能。Compose 优化了 UI 的重绘过程，只更新需要变化的部分，而不是整个布局，这种细粒度的更新可以提高应用的性能，特别是在复杂的 UI 场景中。

总之，可组合函数是 Jetpack Compose 中的核心概念，它们使得 UI 开发更加直观、高效和灵活。

3.1.2　基础布局组件

在 Jetpack Compose 中，有 Row、Column、Box 和新引入的 BoxWithConstraints 4 种基础布局组件用于构建用户界面。这些组件提供了构建应用布局的基本结构。本节将会一一介绍它们，并给出代码示例。

1. Row

Row 是一个水平布局容器，用于在水平方向上排列子组件。

代码示例如下所示。

```
@Composable
fun RowExample() {
```

```
    Row {
        BasicText(text = "Item 1")
        BasicText(text = "Item 2")
    }
}
```

代码中的可组合函数包含了一个 Row 组件，它将其中两个子项水平排列。效果如图 3-2 所示。

图 3-2　Row 布局效果

在 Row 布局组件中还提供了下面的属性用来设置 Row 的效果，具体属性如下。

（1）modifier 用于修改 Row 的布局参数、外观和行为。例如，可以设置 Row 的大小、填充、背景色等。

（2）horizontalArrangement 用于定义子组件在水平方向上的排列方式。常用的值包括 Arrangement.Start（从左开始排列）、Arrangement.End（从右开始排列）、Arrangement.Center（居中排列）、Arrangement.SpaceBetween（均匀分布，两端对齐）、Arrangement.SpaceAround（均匀分布，两端留空）和 Arrangement.SpaceEvenly（均匀分布，包括两端）。

（3）verticalAlignment 用于定义子组件在垂直方向上的对齐方式。常用的值包括 Alignment.Top（顶部对齐）、Alignment.CenterVertically（垂直居中对齐）和 Alignment.Bottom（底部对齐）。

（4）content Row 的内容区域用于定义其内部的子组件。这是一个 Lambda 表达式，其中可以包含多个可组合（@Composable）函数。

以下代码示例展示了如何使用这些属性。

```
@Composable
fun RowExample() {
    Row(
        modifier = Modifier
            .padding(16.dp)
            .background(Color.LightGray),
        horizontalArrangement = Arrangement.SpaceBetween,
        verticalAlignment = Alignment.CenterVertically
    ) {
        Text("Item 1")
        Text("Item 2")
        Text("Item 3")
    }
}
```

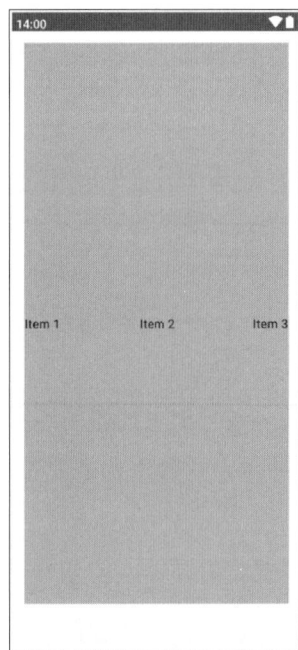

图 3-3　Row 布局效果

示例中，Row 使用了 Modifier 来设置内边距和背景色，horizontalArrangement 设置为 Arrangement.SpaceBetween 来使子组件均匀分布在水平方向上，而 verticalAlignment 设置为 Alignment.CenterVertically 来使子组件在垂直方向上居中对齐。效果如图 3-3 所示。

2. Column

Column 是一个垂直布局容器,用于在垂直方向上排列子组件。

代码示例如下所示。

```kotlin
@Composable
fun ColumnExample() {
    Column {
        BasicText(text = "Item 1")
        BasicText(text = "Item 2")
    }
}
```

同样,Column 也包含下面的属性。

(1) modifier 与 Row 一样,用于修改 Column 的布局参数、外观和行为。例如,可以设置 Column 的大小、填充、背景色等。

(2) verticalArrangement 定义子组件在垂直方向上的排列方式。常用的值包括 Arrangement. Top(从顶部开始排列)、Arrangement. Center(居中排列)、Arrangement . Bottom(底部对齐)、Arrangement. SpaceBetween(均匀分布,两端对齐)、Arrangement . SpaceAround(均匀分布,两端留空)和 Arrangement. SpaceEvenly(均匀分布,包括两端)。

(3) horizontalAlignment 定义子组件在水平方向上的对齐方式。常用的值包括 Alignment. Start(左对齐)、Alignment. CenterHorizontally(水平居中对齐)和 Alignment . End(右对齐)。

(4) content 是一个 Lambda 表达式,用于定义 Column 内部的子组件。可以在这个 Lambda 中放置任意数量的可组合(@Composable)函数,它们将按顺序垂直排列。

具体代码示例如下。

```kotlin
@Composable
fun ColumnAgeExample() {
    Column(
        modifier = Modifier
            .padding(16.dp)
            .background(Color.LightGray),
        verticalArrangement = Arrangement.SpaceBetween,
        horizontalAlignment = Alignment.CenterHorizontally
    ) {
        Text("Item 1")
        Text("Item 2")
        Text("Item 3")
    }
}
```

Column 使 用 了 Modifie 来设置内边距和背景色,verticalArrangement 设置为 Arrangement. SpaceBetween 来使子组件均匀分布在垂直方向上,而 horizontalAlignment 设置为 Alignment. CenterHorizontally 来使子组件在水平方向上居中对齐,如图 3-4 所示。

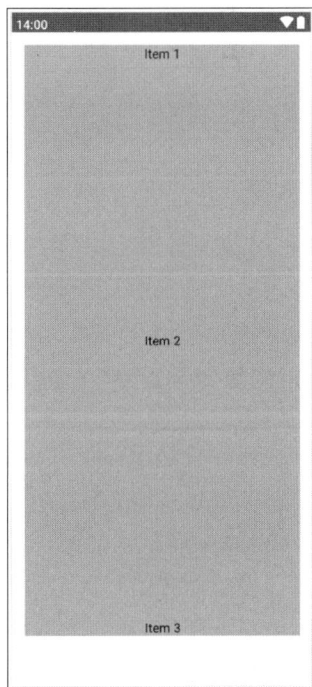

图 3-4 Column 布局效果

3．Box

Box 用于层叠布局的组件，它可以使子组件在 Z 轴上重叠。

示例代码如下所示。

```
@Composable
fun BoxExample() {
    Box {
        BasicText(text = "Background")
        BasicText(text = "Foreground")
    }
}
```

下面是所包含的属性。

（1）modifier 用于修改 Box 的布局参数、外观和行为。例如，可以设置 Box 的大小、填充、背景色等。

（2）contentAlignment 定义子组件在 Box 内的对齐方式。常用的值包括 Alignment . TopStart(左上角对齐)、Alignment. Center(居中对齐)、Alignment. BottomEnd(右下角对齐)等。

（3）propagateMinConstraints 如果设置为 true，则 Box 会将其最小尺寸约束传递给其子组件。这对于控制如何显示需要遵守最小尺寸约束的内容很有帮助。

示例代码如下所示。

```
@Composable
fun BoxAgeExample() {
    Box(
        modifier = Modifier.size(150.dp).background(Color.LightGray),
        contentAlignment = Alignment.Center
    ) {
        Text("Center", modifier = Modifier.background(Color.Green))
        Text("TopStart", modifier = Modifier.align(Alignment.TopStart).background(Color.Red))
        Text("BottomEnd", modifier = Modifier.align(Alignment.BottomEnd).background(Color.Blue))
    }
}
```

在这个例子中，Box 使用了 Modifier 来设置大小和背景色，contentAlignment 设置为 Alignment. Center 来使所有子组件默认居中对齐。然后，使用 Modifier. align 为特定的子组件，设置了不同的对齐方式，如左上角和右下角。这样的布局可以在很多 UI 设计中找到应用，特别是当需要创建重叠的视图或者对齐方式有特殊要求时。

具体效果如图 3-5 所示。

4．BoxWithConstraints

BoxWithConstraints 是 Jetpack Compose 中一个特殊的布局组件，它允许根据父组件的尺寸约束对子组件进行布局决策。这个组件非常适合在需要根据可用空间改变布局或内容的情况下使用，例如响应不同屏幕尺寸或方向变化。其主要属性如下。

（1）maxWidth 和 maxHeight 提供了父布局的最大宽度和高度的信息，可以用来决定子组件的尺寸和排列。

（2）minWidth 和 minHeight 提供了父布局的最小宽度和高度的信息，有助于处理子组件的最小尺寸需求。

（3）constraints 包含了上述四个属性（maxWidth、maxHeight、minWidth、minHeight）的像素值，可以用于更精确的布局计算。

（4）modifier 用于修改 BoxWithConstraints 的外观和布局行为，例如尺寸、边距、背景等。

代码示例如下。

```
@Composable
fun BoxWithConstraintsExample() {
    BoxWithConstraints {
        val rectangleHeight = 100.dp
        if (maxHeight < rectangleHeight * 2) {
            // 如果高度不足以放下两个矩形，则只显示一个矩形
            Text("Not enough space for two rectangles", Modifier.background(Color.Red))
        } else {
            // 如果高度足够，则显示两个矩形
            Column {
                Text("Top rectangle", Modifier.size(50.dp, rectangleHeight).background(Color.Blue))
                Text("Bottom rectangle", Modifier.size(50.dp, rectangleHeight).background(Color.Gray))
            }
        }
    }
}
```

示例中，使用 BoxWithConstraints 来决定是否有足够的空间在垂直方向上放置两个矩形。如果空间不足，只显示一个矩形，并给出提示。这种方式可以帮助开发者创建能够适应不同屏幕尺寸和方向的布局。效果如图 3-6 所示。

图 3-5　Box 布局效果

图 3-6　BoxWithConstraints 布局效果

也可以使用 BoxWithConstraints 来根据屏幕的宽度显示不同的内容，具体代码如下所示。

```
@Composable
fun ResponsiveBoxExample() {
    BoxWithConstraints(modifier = Modifier.fillMaxSize()) {
        if (maxWidth < 400.dp) {
            Text("This is a small screen")
        } else if (maxWidth < 700.dp) {
            Text("This is a medium screen")
        } else {
            Text("This is a large screen")
        }
    }
}
```

在这个示例中，BoxWithConstraints(modifier = Modifier.fillMaxSize())会尝试填充其父组件提供的所有可用空间。然后通过 maxWidth 判断屏幕的宽度来决定显示不同的文本信息。效果请读者自行演示查看。

上述基础布局组件为构建各种界面提供了强大的灵活性和控制能力。读者可以根据需要组合这些组件，创建更复杂的 UI 布局。

3.1.3　布局修饰符

布局修饰符（Modifiers）是一个非常核心的概念，是用来修改组件外观和行为的强大工具，它们可以改变组件的大小、布局、外观、功能等属性，并且可以通过链式调用的方式组合使用，以创建复杂的布局和样式。因此，本章以单独一节来介绍常用的修饰符。

1. 大小和布局

（1）填充。

填充（padding）用于在组件的内部或外部添加空间。

```
Modifier.padding(10.dp)
```

（2）尺寸。

尺寸（size）直接设置组件的大小。

```
Modifier.size(100.dp, 50.dp)
```

（3）填充最大尺寸。

填充最大尺寸（fillMaxSize）使组件填充其父容器的全部或一部分空间。

```
Modifier.fillMaxSize(0.5f)    // 填充父容器的 50%
```

2. 外观

（1）背景。

背景（background）设置组件的背景色或背景图。

```
Modifier.background(Color.Blue)
```

（2）边框。

边框（border）给组件添加边框。

```
Modifier.border(2.dp, Color.Red)
```

（3）剪裁。

剪裁（Clip）剪裁组件的边缘，如圆角。

```
Modifier.clip(RoundedCornerShape(10.dp))
```

3. 交互和动态效果

（1）单击。

单击（Clickable）为组件添加单击事件。

```
Modifier.clickable { /* 单击事件代码 */ }
```

（2）旋转。

旋转（Rotate）将组件按给定的角度旋转。

```
Modifier.graphicsLayer(rotationZ = 45f)    // Z轴旋转 45°
```

如何一起使用多个修饰符的代码示例如下所示。

```
@Composable
fun ModifierExample() {
    Box(
        contentAlignment = Alignment.Center,
        modifier = Modifier
            .size(120.dp)
            .padding(10.dp)
            .border(2.dp, Color.Black)
            .background(Color.LightGray)
    ) {
        Text("Hello, Compose!")
    }
}
```

图 3-7　布局修饰符效果

示例中创建了一个 Box，并应用了一系列修饰符来设置其大小、内边距、边框和背景色。Text 组件被居中放置在 Box 内部。这些修饰符的组合使得开发者可以创建具有丰富视觉效果的组件。效果如图 3-7 所示。

下面代码展示通过多种修饰符构建一个具有内边距、背景色、圆角边框、单击事件，并且能够响应触摸反馈的组件。

```
@Composable
fun DecoratedBox() {
    Box(
```

```
            modifier = Modifier
                .padding(16.dp)
                .background(Color.LightGray)
                .border(2.dp, Color.DarkGray, RoundedCornerShape(10.dp))
                .clickable(
                    interactionSource = remember { MutableInteractionSource() },
                    indication = rememberRipple(bounded = true)
                ) {
                    println("Box clicked")
                }
                .padding(20.dp)   // 再次添加内边距,用于内容区
        ) {
            // 你的内容
        }
    }
```

具体效果请读者自行运行查看。

修饰符是 Jetpack Compose 中定义 UI 组件外观和行为的关键机制。通过灵活使用修饰符,可以有效地控制布局、增加视觉效果和增强用户交互。它们是构建现代 Android 应用中不可或缺的工具。

3.2 Compose 控件与交互

本节将讲解如何在 Jetpack Compose 中管理和实现用户交互,以及如何使用不同的控件和技术来处理用户输入。这是创建互动性强的应用程序的关键部分,涉及从基本的单击处理到复杂的表单管理和状态更新。

3.2.1 可组合函数的交互性

在 Jetpack Compose 中,可组合函数不仅用于布局和显示内容,还可以处理用户交互。通过使用事件处理器如 onClick、onValueChange 等,可组合函数可以响应用户操作,如单击、输入等。本节将介绍如何将交互性添加到可组合函数中,包括使用内置的事件处理器和自定义逻辑来响应用户的操作。

1. 基本交互

如何使用 clickable 修饰符添加单击事件的具体代码如下所示。

```
@Composable
fun ClickableText() {
    Text(
        text = "Click Me",
        modifier = Modifier
            .padding(16.dp)
            .clickable { println("Text clicked!") }
    )
}
```

在这个例子中,Text 组件被一个 clickable 修饰符包裹,当文本被单击时会打印消息到控制台,效果如图 3-8 所示。

图 3-8   Text clickable 事件及输出效果

在移动应用中，为单击添加触摸反馈（如水波纹效果）可以提高用户体验。在 Compose 中，可以使用 indication 和 interactionSource 来为单击事件添加这种反馈。具体示例代码如下所示。

```
@Composable
fun RippleClickableText() {
    val interactionSource = remember { MutableInteractionSource() }
    Text(
        text = "Click me with ripple!",
        modifier = Modifier
            .padding(16.dp)
            .clickable(
                interactionSource = interactionSource,
                indication = rememberRipple(bounded = true),
                onClick = { println("Text with ripple was clicked") }
            )
    )
}
```

代码中 rememberRipple 创建了一个水波纹效果，MutableInteractionSource 跟踪和管理用户与组件的交互状态。该动态效果请读者自行运行代码查看。

2. 复杂手势处理

为了处理更复杂的手势（如拖动等），Compose 提供了 draggable 修饰符。其可以用于创建滑块、拖动调整界面元素的位置等交互。示例代码如下所示。

```
@Composable
fun DraggableModifierExample() {
    var offsetX by remember { mutableStateOf(0f) }
    Box(
        Modifier
            .offset { IntOffset(offsetX.roundToInt(), 0) }
            .draggable(
                orientation = Orientation.Horizontal,
                state = rememberDraggableState { delta ->
                    offsetX += delta
                }
            )
    ) {
        Text("Drag me!", Modifier.padding(8.dp))
    }
}
```

示例中，Box 组件可以在水平方向上拖动。rememberDraggableState 处理拖动产生的变化，并更新 offsetX 状态，这决定了 Box 的水平位置。具体动态效果请读者自行运行代码查看。

通过上述示例和解释，读者可以学习到 Jetpack Compose 如何简化交互性组件的创建过程，并提供强大的工具来处理从基本到复杂的用户交互。利用这些工具，开发者可以构建出直观且响应迅速的应用界面，从而提升整体的用户体验。

3.2.2　用户输入处理与状态管理

处理用户输入是创建交互式应用程序的关键部分。在 Compose 中，状态管理通常通过 mutableStateOf 和 remember 来实现，这样可以确保当状态改变时，UI 能够响应这些变化。

1. 关键概念

（1）mutableStateOf。用于创建可观察的状态对象，当状态改变时，相关的 UI 会自动更新。

（2）remember。用于在可组合函数重组时保持状态不变。

2. 实例代码

（1）文本输入。

TextField 是 Compose 提供的一个基础组件，用于接收用户的文本输入。它可以配置为处理各种类型的文本数据，如纯文本、密码等。示例代码如下所示。

```
@Composable
fun SimpleTextField() {
    var text by remember { mutableStateOf("") }

    TextField(
        value = text,
        onValueChange = { text = it },
        label = { Text("Enter something") }
    )
}
```

图 3-9　文本输入效果

在这个例子中，text 通过 remember 和 mutableStateOf 来记住状态。TextField 组件显示一个标签，并通过 onValueChange 更新 text 的值。具体效果如图 3-9 所示。

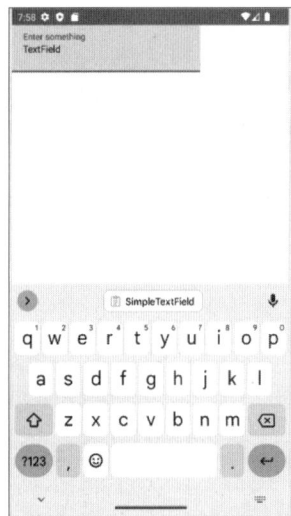

（2）选择控件。

Checkbox 和 Switch 这些组件用于收集用户的选择输入，允许用户在给定的选项中进行选择。具体实例代码如下所示。

```
@Composable
fun ToggleInputs() {
    var checked by remember { mutableStateOf(false) }

    Column {
        Checkbox(
            checked = checked,
            onCheckedChange = { checked = it }
        )
        Switch(
            checked = checked,
```

```
                onCheckedChange = { checked = it }
            )
        }
    }
}
```

示例展示了如何使用 Checkbox 和 Switch 共享同一个状态，从而保持两者的同步。具体效果如图 3-10 所示。

图 3-10　选择控件效果

（3）表单验证。

处理表单时，常常需要对用户输入进行验证。以下代码示例展示了如何实现简单的表单验证逻辑。

```
@Composable
fun LoginForm() {
    var username by remember { mutableStateOf("") }
    var password by remember { mutableStateOf("") }
    var formValid by remember(username, password) {
        mutableStateOf(username.isNotBlank() && password.length > 5)
    }

    Column {
        TextField(
            value = username,
            onValueChange = { username = it },
            label = { Text("Username") }
        )
        TextField(
            value = password,
            onValueChange = { password = it },
            label = { Text("Password") },
            visualTransformation = PasswordVisualTransformation()
        )
        Button(
            onClick = { /* Handle login */ },
            enabled = formValid
        ) {
            Text("Login")
        }
    }
}
```

示例中，formValid 状态决定了 Button 是否可单击，这个状态基于用户名和密码的有效性。具体效果如图 3-11 所示。

通过这些示例，读者可以学习到如何使用 Compose 的状态管理工具来创建交互式的 UI 元素。状态的更新会触发 UI 的自动重绘，从而反映出最新的数据。这种响应式的更新机制简化了开发过程，并提高了用户体验。

3.2.3　高级控件与交互式组件

在 Jetpack Compose 中，除了基本的输入和状态管理，还有许多高级控件和交互式组件可以用于创建更复杂和动态的用户界面。这些组件包括滑块（Slider）、进度条（Progress Bar）、下拉选择菜单（Dropdown Menu）等，它们提供了更丰富的用户交互体验。本节将介绍如何使用这些高级控件，并展示如何构建自定义的交互式组件。

1. Slider

Slider 控件允许用户通过拖动滑块选择一个值的范围。这非常适合于设置音量、亮度或任何范围内的设置，示例代码如下所示。

图 3-11　表单验证

```
@Composable
fun VolumeSlider() {
    var volume by remember { mutableStateOf(0f) }    // 初始音量为 0

    Slider(
        value = volume,
        onValueChange = { volume = it },
        valueRange = 0f..100f,
        onValueChangeFinished = {
            // 当用户释放滑块时执行
            println("Final volume is $ volume")
        }
    )
}
```

效果如图 3-12 所示。

图 3-12　Slider 效果

2. ProgressBar

ProgressBar 用于显示操作的进度。它可以是线性的也可以是环形的。代码如下所示。

```
@Composable
fun LoadingIndicator(progress: Float) {
    LinearProgressIndicator(
        progress = progress
    )
}
```

效果如图 3-13 所示。

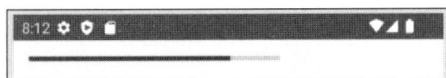

图 3-13   ProgressBar 效果

3. DropdownMenu

DropdownMenu 控件提供了一个可以展开和折叠的菜单选项列表，适用于让用户从多个选项中选择一个。代码如下所示。

```
@Composable
fun DropdownSample() {
    var expanded by remember { mutableStateOf(false) }
    val options = listOf("Option 1", "Option 2", "Option 3")
    var selectedIndex by remember { mutableStateOf(0) }

    Box(modifier = Modifier.fillMaxSize(), contentAlignment = Alignment.TopCenter) {
        Text(
            text = options[selectedIndex],
            modifier = Modifier
                .clickable { expanded = true }
                .padding(20.dp)
        )
        DropdownMenu(
            expanded = expanded,
            onDismissRequest = { expanded = false }
        ) {
            options.forEachIndexed { index, option ->
                DropdownMenuItem(onClick = {
                    selectedIndex = index
                    expanded = false
                }) {
                    Text(option)
                }
            }
        }
    }
}
```

效果如图 3-14 所示。

图 3-14   DropdownMenu 效果

3.3　Compose 动画与图形

Jetpack Compose 提供了丰富的动画和图形处理能力，使开发者能够创建流畅动感的用户界面。本节将详细介绍如何在 Compose 中实现动画效果、处理矢量图形和自定义绘图。

3.3.1　动画基础与类型

在 Jetpack Compose 中，动画是增强用户体验的关键工具之一，它可以使界面元素平滑地过渡和变化。Compose 提供了多种类型的动画 API，使开发者能够轻松实现从简单的过渡动画到复杂的动画效果。本节将探讨 Compose 中几种常用的动画类型。

1. 状态动画

状态动画（animate * AsState）是最常用的动画形式之一，在 Compose 中，可以使用 animate * AsState 来实现基于状态的动画。这类动画响应状态变化，自动完成从一个值平滑过渡到另一个值的动画。使用状态动画来实现渐变显示文本的代码示例如下。

```kotlin
@Composable
fun FadeInText(visible: Boolean) {
    val alpha by animateFloatAsState(
        targetValue = if (visible) 1f else 0f,
        animationSpec = tween(durationMillis = 1000)
    )
    Text("Hello, Compose!", Modifier.alpha(alpha), color = Color.Black)
}
```

示例中，文本的透明度根据 visible 状态变化进行动画处理，使用 tween 动画规范来定义动画持续时间。由于书面展示不出动画效果，请读者自行运行代码查看。

2. 值动画

当需要更精细控制动画或在动画中包含复杂逻辑时，可以使用值动画（Animatable）。这是一个底层的动画 API，提供了更大的灵活性。下面代码演示了颜色变化动画。

```kotlin
@Composable
fun ColorAnimationExample() {
    val color = remember { Animatable(Color.Gray) }

    LaunchedEffect(Unit) {
        color.animateTo(
            targetValue = Color.Red,
            animationSpec = tween(durationMillis = 2000)
        )
    }

    Box(
        modifier = Modifier
            .size(100.dp)
            .background(color.value)
    )
}
```

此示例中,Box 的背景颜色从灰色渐变到红色。animateTo 函数是异步的,因此在 LaunchedEffect 中调用以保持正确的生命周期管理。

3. 连续动画

连续动画(Infinite Transition)适用于需要无限循环的动画效果,如加载指示器、进度动画等。下面代码示例展示了一个 360°无限旋转动画效果。

```
@Composable
fun InfiniteRotation() {
    val infiniteTransition = rememberInfiniteTransition()
    val angle by infiniteTransition.animateFloat(
        initialValue = 0f,
        targetValue = 360f,
        animationSpec = infiniteRepeatable(
            animation = tween(durationMillis = 1000, easing = LinearEasing),
            repeatMode = RepeatMode.Restart
        )
    )

    Box(
        modifier = Modifier
            .size(100.dp)
            .graphicsLayer {
                rotationZ = angle
            }
            .background(Color.Blue)
    )
}
```

示例中,一个蓝色的方框不断地进行 360°旋转。使用 rememberInfiniteTransition 和 infiniteRepeatable 来实现循环动画效果。

3.3.2　图形与自定义绘制

图形与自定义绘制(Canvas API)提供了强大的绘图能力,这使得开发者可以直接在屏幕上绘制形状、路径、文本和其他图形元素。使用 Canvas 可以创建完全自定义的视觉表现,从简单的形状到复杂的交互式图形都可以实现。

1. Canvas 组件的基本使用

Canvas 组件在 Compose 中用于自定义绘制,提供了一个画布,开发者可以在其上进行绘图操作。下面代码中使用 Canvas 绘制一个简单的圆。

```
@Composable
fun SimpleCircle() {
    Canvas(modifier = Modifier.size(100.dp)) {
        drawCircle(
            color = Color.Red,
            center = Offset(x = size.width / 2, y = size.height / 2),
            radius = size.minDimension / 4
        )
    }
}
```

示例中，drawCircle 函数用于在 Canvas 中心绘制一个红色的圆。size 属性是当前 Canvas 的尺寸，minDimension 表示宽度和高度中的最小值，效果如图 3-15 所示。

2. 使用路径绘制复杂图形

路径（Path）在绘图中用于创建复杂的形状和曲线。通过组合直线、曲线、弧线等，可以绘制出任何形状。如何使用见下面代码示例。

```kotlin
@Composable
fun HeartShape() {
    Canvas(modifier = Modifier.size(200.dp)) {
        val path = Path().apply {
            moveTo(size.width / 2, size.height / 4)
            cubicTo(
                x1 = size.width * 7 / 8, y1 = 0f,
                x2 = size.width, y2 = size.height / 2,
                x3 = size.width / 2, y3 = size.height
            )
            cubicTo(
                x1 = 0f, y1 = size.height / 2,
                x2 = size.width / 8, y2 = 0f,
                x3 = size.width / 2, y3 = size.height / 4
            )
            close()
        }
        drawPath(path, Color.Red)
    }
}
```

示例代码通过 Path 的 cubicTo 方法绘制了一个心形。通过控制贝塞尔曲线的控制点和结束点，形状被绘制在 Canvas 上。效果如图 3-16 所示。

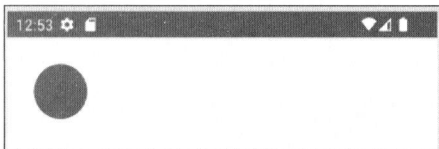

图 3-15　使用 Canvas 绘制简单的圆

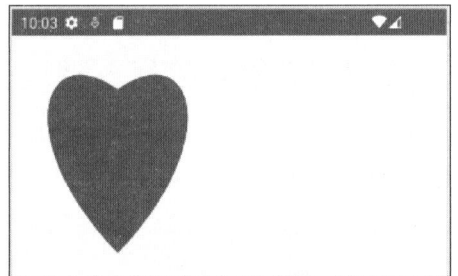

图 3-16　使用 Path 绘制心形

3. 动态图形和交互

利用 Canvas 的动态绘图能力，可以创建反映用户输入的图形，如随触摸移动的图形。下面代码实现了一个跟随触摸移动的圆。

```kotlin
@Composable
fun TouchCircle() {
    var touchPoint by remember { mutableStateOf(Offset.Zero) }
    val interactionSource = remember { MutableInteractionSource() }

    Canvas(
        modifier = Modifier
```

```
                    .fillMaxSize()
                    .pointerInteropFilter {
                        touchPoint = Offset(it.x, it.y)
                        true
                    }
        ) {
            drawCircle(
                color = Color.Blue,
                center = touchPoint,
                radius = 50.dp.toPx()
            )
        }
    }
```

示例中，使用 pointerInteropFilter 捕获屏幕触摸事件，并更新圆的位置以响应触摸点，这样圆可以实时地随着用户的触摸移动。具体效果请读者自行运行代码查看。

综上，Compose 不仅能够处理基础的动画和图形需求，还能够实现复杂的视觉效果和自定义图形绘制。无论是增加界面的活力，还是创建独特的视觉风格，Compose 的动画与图形功能都提供了强大的支持。开发者可以利用这些工具为用户提供更加丰富和动感的交互体验。

3.4 Material Design 3 与主题定制

在 Jetpack Compose 中，除了基础布局和简单交互外，还有许多高级 UI 技术可用于增强应用的功能性和美观性。本节将详细介绍 Material Design 3 的实现、主题与样式定制，以及如何通过可组合函数实现自定义控件与复杂 UI。

3.4.1 应用 Material Design 3 组件

Material Design 3 是谷歌公司于 2022 年推出的 Material Design 系列的最新版本，它提供了一系列组件和工具，帮助设计师和开发者创建出色的用户界面。在 Material Design 3 中，组件是用于创建用户界面的交互式构建块。这些组件不仅遵循最新的设计原则，还支持动态颜色和新的布局规则，以确保产品的美观和易用性。在前面章节的代码示例中，这些组件或多或少都已经被使用过，下面继续以代码示例来介绍其他常用组件用法。

1. App Bar

App Bar 通常位于屏幕顶部，用于显示信息和操作，如界面标题、搜索和溢出菜单的快捷方式。代码示例如下所示。

```
@Composable
fun MyAppBar() {
    TopAppBar(
        title = { Text("App Bar 示例") },
        actions = {
            IconButton(onClick = { /* 搜索操作 */ }) {
                Icon(Icons.Filled.Search, contentDescription = "搜索")
            }
            IconButton(onClick = { /* 更多操作 */ }) {
                Icon(Icons.Filled.MoreVert, contentDescription = "更多")
            }
        }
    )
}
```

效果如图 3-17 所示。

图 3-17　App Bar 效果

2．NavigationBar

NavigationBar 用于在应用程序的不同视图之间提供导航，也是 App 开发中常用到的组件，通常位于屏幕底部，它包含多个 NavigationBarItem 项，每个项代表一个导航项。下面的代码示例为创建一个底部导航栏。具体代码如下所示。

```kotlin
// 定义导航项数据类
data class NavigationItem(val title: String, val icon: ImageVector)

@Composable
fun BottomNavigationBar() {
    // 定义导航项
    val items = listOf(
        NavigationItem("主页", Icons.Filled.Home),
        NavigationItem("搜索", Icons.Filled.Search),
        NavigationItem("个人", Icons.Filled.Person)
    )
    var selectedItem by remember { mutableStateOf(0) }

    // 创建底部导航栏
    NavigationBar {
        items.forEachIndexed { index, item ->
            NavigationBarItem(
                icon = { Icon(item.icon, contentDescription = null) },
                label = { Text(item.title) },
                selected = selectedItem == index,
                onClick = { selectedItem = index }
            )
        }
    }
}
```

效果如图 3-18 所示。

3. Card

Card 组件是一个容器组件,用于展示单一连贯的内容,如产品、新闻故事或消息。Card 通过提供背景、边框和阴影效果,使界面看起来更加吸引人。它通常用于显示列表中的项或作为信息的卡片式展示。下面代码展示了 Card 组件使用方法。

```
@Composable
fun CardExample() {
    Card(
        modifier = Modifier
            .fillMaxWidth()    // 设置卡片宽度与屏幕宽度相同
            .padding(8.dp),    // 设置卡片的外边距
        elevation = CardDefaults.cardElevation(defaultElevation = 4.dp),
                                        // 使用 CardDefaults.cardElevation 设置阴影
        colors = CardDefaults.cardColors(containerColor = Color(0xFFF0EAE2))
                                        // 设置卡片的背景色
    ) {
        Text(
            text = "这是一个 Card 组件示例",
            modifier = Modifier.padding(16.dp)// 设置文本的内边距
        )
    }
}
```

具体效果如图 3-19 所示。

图 3-18　NavigationBar 效果

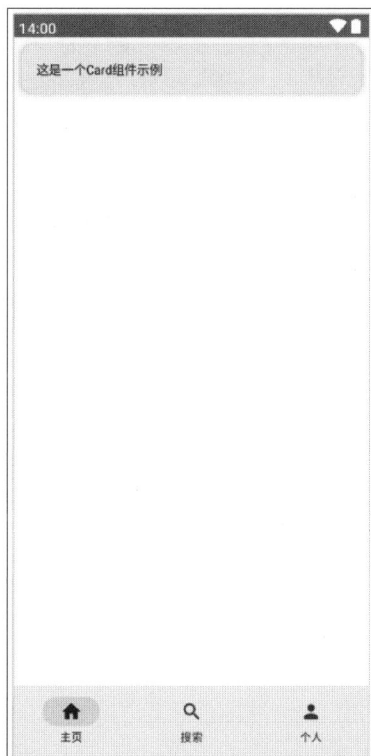

图 3-19　Card 效果

4．Dialog

Dialog（弹窗组件）被用来展示重要信息，提示用户进行决策，或者收集某些类型的信息。Dialog 应该用于中断性操作，即需要用户处理完弹窗内容后才能继续的情况。具体示例请看代码。

```
@Composable
fun MyDialog() {
    var showDialog by remember { mutableStateOf(true) }

    if (showDialog) {
        AlertDialog(
            onDismissRequest = {
                showDialog = false
            },
            title = {
                Text(text = "Dialog 演示")
            },
            text = {
                Text(text = "是否需要删除数据?")
            },
            confirmButton = {
                Button(
                    onClick = {
                        showDialog = false
                    }
                ) {
                    Text("确定")
                }
            },
            dismissButton = {
                Button(
                    onClick = {
                        showDialog = false
                    }
                ) {
                    Text("取消")
                }
            }
        )
    }
}
```

具体效果如图 3-20 所示。

5．LazyColumn 和 LazyRow

通过 LazyColumn 和 LazyRow 可以展示长列表或网格布局。它们只会渲染和布局当前可见的项，从而提高性能和效率。其中，LazyColumn 用于垂直滚动，而 LazyRow 用于水平滚动。它们的 5 个主要属性如下所示。

（1）items：用来定义列表中的元素数量和如何渲染每个元素。

（2）contentPadding：设置列表的内边距。

图 3-20　Dialog 效果

（3）horizontalAlignment：控制子项在水平方向上的对齐方式（仅对 LazyColumn 有效）。

（4）verticalArrangement：控制子项在垂直方向上的排列方式（仅对 LazyColumn 有效）。

（5）reverseLayout：是否反向滚动列表，例如聊天应用中从底部开始显示。

下面是使用 LazyColum 来创建一个简单的滚动列表的应用，每个列表项都是带有文本的 Card 组件，具体代码示例如下所示。

```
@Composable
fun LazyColumnExample() {
    val dataList = List(20) { "Item ${it + 1}" }

    LazyColumn(
        modifier = Modifier.padding(3.dp),
        verticalArrangement = Arrangement.spacedBy(4.dp)
    ) {
        items(dataList) { item ->
            Card(
                modifier = Modifier.fillMaxWidth() .padding(4.dp)
            ) {
                Box(
                    modifier = Modifier.padding(16.dp)
                ) {
                    Text(
                        item,
                        color = MaterialTheme.colorScheme.onSurfaceVariant,
                                                    // 确保文本颜色对比度足够
                        style = MaterialTheme.typography.bodyLarge
                    )
                }
            }
        }
    }
}
```

在这个示例中，LazyColumn 构建了一个垂直滚动列表，items 函数根据给定的 dataList 来渲染每个列表项，其中的 Card 用于为每个列表项提供有一个阴影的卡片效果，而 Box 和 Text 用来在卡片中显示文本内容，具体效果如图 3-21 所示。

接下来，使用 LazyRow 创建一个简单的水平滚动列表的示例，这个列表显示一系列的卡片，每个卡片显示不同的文本，具体代码如下所示。

```
@Composable
fun LazyRowExample() {
    val dataList = List(20) { "Card ${it + 1}" }          // 生成20个卡片

    LazyRow(
        modifier = Modifier.padding(horizontal = 8.dp, vertical = 20.dp),
        horizontalArrangement = Arrangement.spacedBy(8.dp)     // 卡片之间的水平间距
    ) {
        items(dataList) { item ->
            Card(modifier = Modifier.padding(vertical = 8.dp)) {
                Box(modifier = Modifier.padding(16.dp)) {
```

```
                    Text(text = item, style = MaterialTheme.typography.bodyLarge)
                }
            }
        }
    }
}
```

具体效果如图 3-22 所示。

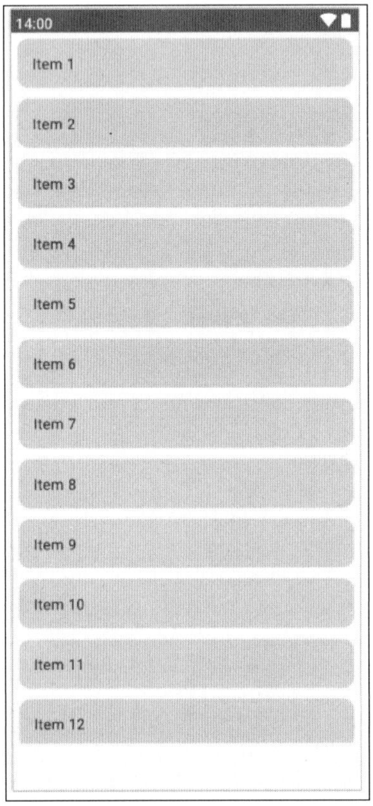

图 3-21　LazyColumn 效果

图 3-22　LazyRow 效果

6. Surface

Surface 组件是用来定义一个 UI 部分的可视界面和交互的层。它可以为其包含的所有子组件提供阴影、形状、边界和背景色等视觉效果。Surface 组件在很多方面类似于传统 Android 开发中的 FrameLayout 或 CardView。下面是一个 Surface 组件的使用示例，在这个示例中，创建了带有圆角和阴影的卡片效果，并在其上放置了一些文本内容。

```
@Composable
fun SurfaceExample() {
    Surface(
            modifier = Modifier.padding(16.dp),
            shape = RoundedCornerShape(8.dp),
            color = MaterialTheme.colorScheme.surface,
            contentColor = contentColorFor(MaterialTheme.colorScheme.surface),
            tonalElevation = 6.dp,
```

```
            shadowElevation = 8.dp
    ) {
        Box(modifier = Modifier.padding(16.dp)) {
            Text("Hello, Surface!",
                color = MaterialTheme.colorScheme.onSurfaceVariant, // 确保文本颜色对比度足够
                style = MaterialTheme.typography.bodyLarge)
        }
    }
}
```

示例中,modifier 属性用于应用布局参数,shape 定义了表面的形状,color 和 contentColor 分别定义了背景色和内容色,tonalElevation 和 shadowElevation 用于设置表面的视觉高度和阴影效果。效果如图 3-23 所示。

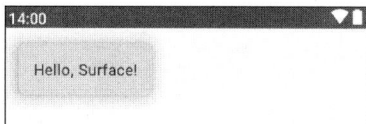

图 3-23 Surface 效果

通过上面代码示例,可以知道 Surface 有很多属性,具体如下所示。

(1) modifier:用于应用布局参数,如内外边距、大小、对齐等。

(2) shape:定义表面的形状,可以是矩形、圆形、圆角矩形等。

(3) color:定义表面的背景色。

(4) contentColor:定义内容的颜色,通常与背景色对比。

(5) tonalElevation:定义表面的色调高度,影响表面的颜色叠加效果。

(6) shadowElevation:定义表面的阴影高度,影响表面的阴影效果。

因此,Surface 组件使用场景非常广泛,它通常用于以下 5 种情况。

(1) 创建卡片和面板。Surface 可以用来创建具有统一视觉效果的卡片和面板,这些卡片和面板可以包含文本、图片或其他组件。

(2) 实现阴影和形状。通过 Surface 的 shape 和 shadowElevation 属性,可以轻松实现不同的阴影效果和形状变化。

(3) 背景色和内容色的统一管理。Surface 提供了 color 和 contentColor 属性,可以统一管理组件的背景色和内容色,确保颜色的一致性。

(4) 提供单击反馈。Surface 可以包裹可单击的组件,提供触摸反馈,如波纹效果。

(5) 分隔内容和背景。在设计中,Surface 可以用来明确区分内容和其背景,增强界面的层次感。

7. Scaffold

Scaffold 是一个非常强大的布局结构组件,用于实现常见的应用框架。它为应用程序提供了一种标准的方式来布置界面元素,包括顶部栏(Top Bar)、底部导航(Bottom Bar)、抽屉(Drawer)、浮动操作按钮(Floating Action Button,FAB)等。

以下是 Scaffold 的 7 个关键属性。

(1) topBar:一个函数,返回应用顶部的栏。通常用于放置标题栏或导航栏。

(2) bottomBar:一个函数,返回应用底部的栏。常用于底部导航。

(3) floatingActionButton:一个函数,用于创建浮动在内容上的操作按钮。

(4) drawer:一个函数,返回一个侧边栏布局,通常用于导航菜单。

（5）content：主要内容区域，用于放置应用内容。

（6）snackbarHost：用于显示 Snackbar 消息的容器。

（7）backgroundColor、contentColor：分别设置 Scaffold 的背景色和内容颜色。

下面的代码展示了如何使用 Scaffold 组件来创建一个包含顶部应用栏、底部应用栏和浮动操作按钮的界面。

```kotlin
@Composable
fun ScaffoldExample() {
    var presses by remember { mutableStateOf(0) }
    Scaffold(
        topBar = {
            TopAppBar(
                colors = topAppBarColors(
                    containerColor = MaterialTheme.colorScheme.primaryContainer,
                    titleContentColor = MaterialTheme.colorScheme.primary,
                ),
                title = { Text("顶部应用栏") }
            )
        },
        bottomBar = {
            BottomAppBar(
                containerColor = MaterialTheme.colorScheme.primaryContainer,
                contentColor = MaterialTheme.colorScheme.primary,
            ) {
                Text(
                    modifier = Modifier.fillMaxWidth(),
                    textAlign = TextAlign.Center,
                    text = "底部应用栏",
                )
            }
        },
        floatingActionButton = {
            FloatingActionButton(onClick = { presses++}) {
                Icon(Icons.Default.Add, contentDescription = "添加")
            }
        }
    ) { innerPadding ->
        Column(
            modifier = Modifier.padding(innerPadding),
            verticalArrangement = Arrangement.spacedBy(16.dp),
        ) {
            Text(
                modifier = Modifier.padding(8.dp),
                text = """
                    这是一个 Scaffold 的示例。
                    它使用 Scaffold 组件的参数来创建一个带有简单顶部应用栏、底部应用栏和浮动操作按钮的屏幕。
                    您已经按了浮动操作按钮 $presses 次。
                """.trimIndent(),
            )
        }
    }
}
```

具体效果如图 3-24 所示。

图 3-24 Scaffold 效果

3.4.2 主题与动态配色

在 Jetpack Compose 中,主题和动态配色是构建具有视觉吸引力和一致性界面的关键工具。通过主题,可以统一应用的颜色、字体、形状等视觉元素。动态配色则允许应用适应用户设备的主题设置,如深色模式或根据壁纸颜色变化。

1. 主题的定制

在 Compose 中,可以通过 MaterialTheme 构建自己的主题,这样可以确保开发人员自己的应用在不同设备上具有一致的视觉风格。具体代码如下所示。

```kotlin
@Composable
fun AppTheme(content: @Composable () -> Unit) {
    val colors = if (isSystemInDarkTheme()) {
        darkColors(
            primary = Color.Cyan,
            secondary = Color.LightBlue,
            onPrimary = Color.Black
        )
    } else {
        lightColors(
            primary = Color.Blue,
```

```
                secondary = Color.Cyan,
                onPrimary = Color.White
        )
    }

    MaterialTheme(
        colors = colors,
        typography = Typography(),
        shapes = Shapes(),
        content = content
    )
}
```

示例中根据系统的深色模式来设置不同的颜色主题。MaterialTheme 接收这些颜色，并将它们应用于所有子组件。这样，就可以确保整个应用有统一的颜色和样式。具体效果请读者自行运行代码查看。

调用主题代码是在入口函数中最外层使用，具体如下所示。

```
class MainActivity : ComponentActivity() {
    override fun onCreate(savedInstanceState: Bundle?) {
        super.onCreate(savedInstanceState)
        setContent {
            AppTheme{    //使用 AppTheme 主题
                Surface(modifier = Modifier.fillMaxSize()) {
                    // 要显示的内容
                }

            }

        }
    }
}
```

2. 动态配色

动态配色指的是应用根据设备的壁纸或主题自动调整其颜色方案。这在 Android 12 及以上版本中尤为有用。具体实例代码如下所示。

```
@Composable
fun DynamicColorTheme(content: @Composable () -> Unit) {
    val colors = if (isSystemInDarkTheme()) {
        dynamicDarkColorScheme(LocalContext.current)
    } else {
        dynamicLightColorScheme(LocalContext.current)
    }

    MaterialTheme(colorScheme = colors, content = content)
}
```

示例中使用了 dynamicColorScheme 方法，它是一个用于在 Jetpack Compose 中生成动态颜色方案的功能。它可以根据 Android S＋平台上用户的壁纸颜色或其他平台的系统主题颜色来创建 Material Design 颜色方案。这意味着应用程序的颜色可以根据用户的个人偏好或系统设置动态变化，从而提供更个性化的用户体验。

3.4.3 自定义控件与复杂 UI

Jetpack Compose 的强大之处在于其高度的可定制性和灵活性，这样开发者就能够创建完全自定义的控件和复杂的用户界面。本节将探讨如何使用 Compose 的可组合函数来设计和实现自定义控件，并解决复杂的 UI 布局挑战。

1. 自定义进度条

示例将创建一个自定义进度条，具体代码如下所示。

```
@Composable
fun CustomProgressBar(progress: Float) {
    // 自定义颜色
    val customColor = Color(0xFF3F51B5)    // 例如:蓝色

    Canvas(modifier = Modifier.fillMaxWidth().height(30.dp)) {
        // 绘制背景
        drawRect(
            color = Color.LightGray,
            size = Size(size.width, size.height)
        )
        // 绘制进度
        drawRect(
            color = customColor,
            size = Size((size.width * progress).toFloat(), size.height)
        )
    }
}
```

这个例子中，CustomProgressBar 使用 Canvas 来绘制一个简单的进度条，其中进度条的长度根据传入的 progress 参数动态变化。

组件调用代码如下所示。

```
fun ExampleUsage() {
    // 假设有一个动态的进度值
    val progress = remember { mutableStateOf(0.5f) } // 这里设置了初始进度为 50%

    // 使用自定义进度条
    CustomProgressBar(progress = progress.value)
}
```

具体效果如图 3-25 所示。

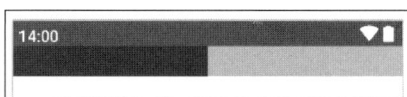

图 3-25 自定义进度条效果

2. 自定义开关

使用 Switch 组件创建一个切换时颜色变化的开关组件，示例代码如下所示。

```
@Composable
fun CustomMaterialSwitch() {
    val switchColors = SwitchDefaults.colors(
        checkedThumbColor = MaterialTheme.colorScheme.secondary,
        checkedTrackColor = MaterialTheme.colorScheme.secondaryContainer,
        uncheckedThumbColor = MaterialTheme.colorScheme.onSurfaceVariant,
        uncheckedTrackColor = MaterialTheme.colorScheme.onSurface
    )

    var isChecked by remember { mutableStateOf(false) }

    Switch(
        checked = isChecked,
        onCheckedChange = { isChecked = it },
        colors = switchColors
    )
}
```

效果如图 3-26 所示。

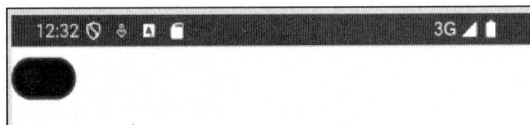

图 3-26　开关效果

3. 一个结合示例组件组成的复杂 UI

下面将通过上述讲解的组件实现一个简单新闻列表的 UI 界面，以便帮助读者来加深本章各个组件的理解。具体代码示例如下所示。

```
package com.example.helloworld

import androidx.compose.foundation.layout.*
import androidx.compose.foundation.lazy.LazyColumn
import androidx.compose.foundation.lazy.items
import androidx.compose.material.icons.Icons
import androidx.compose.material.icons.filled.*
import androidx.compose.material3.*
import androidx.compose.runtime.*
import androidx.compose.ui.Modifier
import androidx.compose.ui.unit.dp

@OptIn(ExperimentalMaterial3Api::class)
@Composable
fun NewsListScreen() {
    val showDialog = remember { mutableStateOf(false) }
    val newsList = remember { listOf("News 1", "News 2", "News 3") } // 示例新闻列表

    Scaffold(
```

```
            topBar = {
                CenterAlignedTopAppBar(
                    title = { Text("新闻列表") },
                    navigationIcon = {
                        IconButton(onClick = { /* Handle navigation icon click */ }) {
                            Icon(Icons.Filled.Menu, contentDescription = "菜单")
                        }
                    }
                )
            },
            floatingActionButton = {
                FloatingActionButton(
                    onClick = { showDialog.value = true },
                    containerColor = MaterialTheme.colorScheme.secondaryContainer
                ) {
                    Icon(Icons.Filled.Add, contentDescription = "添加新闻")
                }
            },
            bottomBar = {
                NavigationBar {
                    NavigationBarItem(
                        icon = { Icon(Icons.Filled.Home, contentDescription = "首页") },
                        label = { Text("首页") },
                        selected = false,
                        onClick = { /* Handle Home Click */ }
                    )
                    NavigationBarItem(
                        icon = { Icon(Icons.Filled.Favorite, contentDescription = "收藏") },
                        label = { Text("收藏") },
                        selected = false,
                        onClick = { /* Handle Favorite Click */ }
                    )
                    NavigationBarItem(
                        icon = { Icon(Icons.Filled.Person, contentDescription = "我的") },
                        label = { Text("我的") },
                        selected = false,
                        onClick = { /* Handle Profile Click */ }
                    )
                }
            }
        ) { innerPadding ->
            Surface(modifier = Modifier.padding(innerPadding)) {
                LazyColumn {
                    items(newsList) { news ->
                        Card(
                            modifier = Modifier
                                .fillMaxWidth()
                                .padding(8.dp),
                            elevation = CardDefaults.cardElevation(defaultElevation = 4.dp)
                        ) {
                            Column(
                                modifier = Modifier.padding(16.dp)
                            ) {
```

```
                              Text(news, style = MaterialTheme.typography.headlineSmall)
                              Text("新闻内容摘要", style = MaterialTheme.typography.bodyMedium)
                          }
                      }
                  }
              }
          }
      }

      if (showDialog.value) {
          AlertDialog(
              onDismissRequest = { showDialog.value = false },
              title = { Text("添加新闻") },
              text = { Text("请输入新闻内容.") },
              confirmButton = {
                  TextButton(onClick = { showDialog.value = false }) {
                      Text("确认")
                  }
              },
              dismissButton = {
                  TextButton(onClick = { showDialog.value = false }) {
                      Text("取消")
                  }
              }
          )
      }
  }
```

上述示例界面可以创建成单独的文件，在主入口函数中调用。具体调用代码如下所示。

```
// 应用的入口点 继承自 ComponentActivity
class MainActivity : ComponentActivity() {
    override fun onCreate(savedInstanceState: Bundle?) {
        super.onCreate(savedInstanceState)
        setContent {
            NewsListScreen()
        }
    }
}
```

具体效果如图 3-27 所示。

本章详细探讨了使用 Jetpack Compose 构建现代 Android 应用界面的各种技术和方法。从基础的布局管理和控件使用如 Row、Column、Box，到处理用户交互。此外，本章涵盖了动画与图形的使用，展示如何利用 Compose 的动画库和 Canvas API 实现动态效果和自定义绘制。最后，介绍了如何利用 Material Design 3 来创建高级组件应用、主题定制，并通过可组合函数开发复杂的自定义控件与 UI，确保应用既美观又具有良好的用户体验。这一章为开发者提供了全面的工具和策略，以构建功能丰富且在视觉上有吸引力的界面。

图 3-27　新闻列表效果

实训一

使用 Jetpack Compose 设计一个简单的登录界面，包含用户名输入框、密码输入框和一个登录按钮。要求单击"登录"按钮后显示一个 Toast 消息提示用户名和密码已输入。

实训二

使用 Jetpack Compose 创建一个包含三个标签页（Tab）的界面，每个标签页显示不同的内容，例如"主页""通知""设置"。要求用户可以通过单击标签切换显示的内容。

第二部分

Android 与 AI 实践

第 **4** 章

AI开放平台概述

知识目标

（1）了解 AI 开放平台的定义、国内主流 AI 开放平台以及其优势。

（2）理解 AI 开放平台选择的方法论。

（3）掌握在 Android 应用中集成 AI 开发平台的基本流程。

（4）理解继承中数据权限和安全性的重要性。

技能目标

（1）能够在 Android 应用中熟练集成 AI 开发平台。

（2）能够掌握 AI 开放平台选择的方法。

思维导图

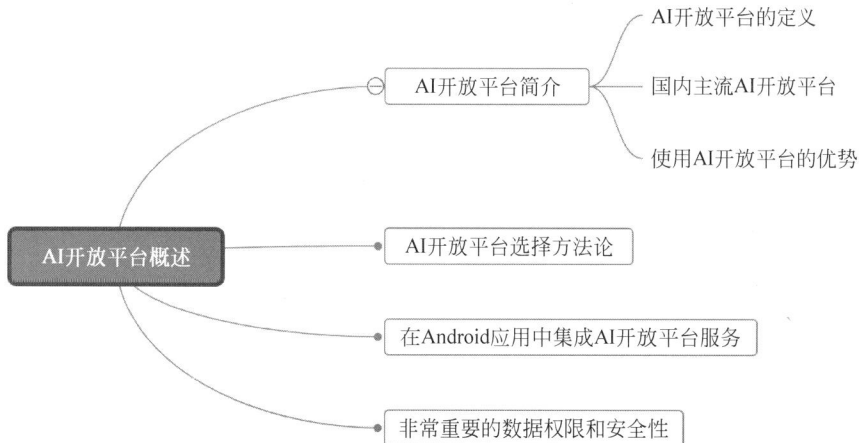

4.1　AI 开放平台简介

在当今快速发展的技术世界中，人工智能（AI）已成为推动创新和效率的关键驱动力。AI 开放平台是一种服务，它允许开发者通过 API 或软件开发工具包（SDK）接入先进的 AI 能力，从而加速应用程序的开发过程。这些 AI 平台通常提供了一系列服务，包括但不限于语音识别、图像处理、自然语言处理和机器学习模型等。

4.1.1 AI开放平台的定义

AI开放平台指的是提供人工智能技术和服务的云平台，允许开发者、企业及研究机构等用户通过 API 或 SDK 方式接入，使用平台的计算资源和机器学习模型。这些平台通常由科技巨头或创新型初创企业提供，旨在降低人工智能技术的应用门槛，加速 AI 技术的普及和商业化进程。

4.1.2 国内主流 AI 开放平台

1. 腾讯云 AI 开放平台

腾讯云 AI 开放平台提供全栈式人工智能开发服务。支持从数据获取、处理、算法构建、模型训练、评估、部署到 AI 应用开发的全流程。包括图像、语音、视频、NLP 等全场景的人工智能服务。

2. 百度 AI 开放平台

百度 AI 开放平台提供了全球领先的语音、图像、NLP 等多项人工智能技术。开放对话式人工智能系统、智能驾驶系统两大行业生态。共享 AI 领域最新的应用场景和解决方案。

3. 科大讯飞 AI 开放平台

科大讯飞 AI 开放平台以其高质量的语音识别服务而闻名。具备语音识别、语音合成、机器翻译、自然语言处理等能力。

4. 阿里云 AI 开放平台

阿里云 AI 开放平台面向企业客户及开发者，提供轻量化、高性价比的云原生人工智能。涵盖交互式建模、可视化建模、分布式训练到模型在线部署的全流程，支持多种计算框架，包括流式计算框架 Flink，深度学习框架 TensorFlow、PyTorch 等。

以上这些平台都是国内领先甚至全球领先的 AI 开放平台，在大模型领域各自也做到了全球领先。

4.1.3 使用 AI 开放平台的优势

1. 加速开发周期

AI 开放平台提供了预先训练好的模型和接口，开发者可以直接使用这些资源而无须从头开始构建。这大大缩短了开发周期，使得开发者可以更快地将产品推向市场。

2. 降低成本

通过利用开放平台的资源，开发者可以节省在 AI 技术上的投资，包括数据收集、模型训练和计算资源。这使得即使是预算有限的小型团队也能够开发出具有强大 AI 功能的应用程序。

3. 灵活性和可扩展性

随着项目需求的变化，开发者可以轻松地添加或更换平台上的服务。这种灵活性确保了应用程序可以随着时间的推移而进化，同时保持与最新技术的同步。

4. 持续的创新与支持

这些平台由具备强大研发能力的企业运营，持续进行技术更新和优化，用户可以轻松享受到最新的 AI 技术成果。此外，企业级的支持确保了在使用过程中出现的问题可以迅速得到解决。

4.2 AI 开放平台选择方法论

选择合适的 AI 开放平台是一个重要的决策,虽然本节概念性比较多,但是对于日后 AI 应用开发尤为重要,因为它将直接影响到读者应用程序的性能和用户体验。以下是选择 AI 开放平台时可以考虑的 6 个因素。

1. 技术需求和平台功能

开发者需要详细明确自己的技术需求。

(1) 支持的 AI 功能。不同的平台可能专注于不同类型的 AI 服务,如自然语言处理、图像识别、机器学习等。开发者应根据自己的需要选择合适的平台。

(2) 兼容性和集成。检查平台支持的开发语言和框架是否符合开发者的技术栈,以及 API 或 SDK 的集成难易程度。

2. 成本效益分析

成本是选择 AI 开放平台时的重要因素。

(1) 定价模型。比较不同平台的定价策略,如按需付费、订阅模式等。根据开发者的使用量预估成本。

(2) 隐性成本。除了直接的使用费用,还应考虑到培训成本、迁移成本等。

3. 性能和可靠性

确保所选平台能提供所需的性能水平和可靠性。

(1) 处理能力。平台应能处理开发人员预期的数据量和请求频率。

(2) 可用性和故障恢复。了解服务级别协议(Service Level Agreement,SLA),确保平台能够满足开发人员的可用性要求。

4. 安全性和合规性

对于涉及敏感数据的应用,平台的安全性和合规性尤其重要。

(1) 数据安全。评估平台的数据加密、用户身份验证和访问控制机制。

(2) 合规性。确保平台符合相关的数据保护法规和行业标准。

5. 扩展性

考虑项目可能的成长和扩展需求。

(1) 资源扩展。平台应能够根据需求自动扩展资源,处理增加的负载。

(2) 国际化支持。如果应用需要面向国际市场,选择支持多语言和多地区部署的平台。

6. 用户支持和社区

良好的用户支持和活跃的开发者社区能大大降低开发和维护的难度。

(1) 技术支持。评估平台提供的技术支持服务,如在线帮助、客户服务热线、技术顾问等。

(2) 社区和文档。一个活跃的开发者社区和全面的文档可以帮助开发者快速解决开发中遇到的问题。

综合考虑这些因素,在选择 AI 开放平台时,建议先确定核心需求,然后根据上述因素进行比较和评估。此外,实际测试平台的服务也是一个不错的选择,这可以帮助用户更直观地了解平台的性能和适用性。

4.3 在 Android 应用中集成 AI 开放平台服务

本节介绍在 Android 应用中集成 AI 开发平台的基本流程，使读者有个全局的认识。通常集成 AI 开放平台服务涉及以下 6 个步骤。

1. 选择 AI 服务

根据应用的需要，选择适合的 AI 服务，如文本分析、图像识别、语音识别等。确保所选的 AI 平台能提供相应的 Android 或 REST API 支持。

2. 注册和设置

在开始集成之前，开发者需要在 AI 平台网站注册账户，并创建所需的 API 密钥或访问令牌。这些密钥将在应用中用来认证 API 请求。

3. 添加网络权限

因为大部分 AI 服务都需要通过网络调用远程 API，所以需要在 Android 应用的 AndroidManifest.xml 文件中添加网络访问权限。

```
< uses - permission android:name = "android.permission.INTERNET" />
```

4. 集成 SDK 或使用 API

（1）使用 SDK。

如果 AI 平台提供了 Kotlin 或 Java SDK，可以直接将其集成到项目中。通常需要在项目的 build.gradle 文件中添加相应的依赖项。

```
dependencies {
    implementation 'com.ai.platform:sdk:版本号'
}
```

使用 SDK 通常可以简化开发，因为 SDK 会封装底层的 HTTP 请求和数据处理逻辑。

（2）使用 REST API。

如果 AI 服务只提供 REST API，可以使用 Kotlin 的网络库（如 Retrofit 或 Ktor）来发送网络请求。例如，使用 Retrofit 可以依照如下步骤。

添加 Retrofit 依赖项到 build.gradle。

```
implementation 'com.squareup.retrofit2:retrofit:2.9.0'
implementation 'com.squareup.retrofit2:converter - gson:2.9.0'
```

定义一个接口描述 API 调用。

```
interface AiService {
    @POST("ai/endpoint")
    suspend fun analyzeImage(@Body requestBody: RequestBody): Response < ResponseBody >
}
```

创建 Retrofit 实例并使用接口。

```
val retrofit = Retrofit.Builder()
    .baseUrl("https://api.liangdaye.cn/")
```

```
        .addConverterFactory(GsonConverterFactory.create())
        .build()

val aiService = retrofit.create(AiService::class.java)
```

5. 处理 API 调用和响应

无论是使用 SDK 还是直接调用 API,都需要编写代码来处理 API 请求的发送、响应的接收及错误处理。如果使用协程,确保在适当的作用域中调用网络请求,并使用 try-catch 处理可能的异常。

6. 更新 UI

在 Jetpack Compose 中,可以根据 API 的响应更新界面。

通过以上步骤,读者可以将 AI 开放平台服务集成到 Android 应用中,从而加强应用的功能和改善用户体验。

4.4　非常重要的数据权限和安全性

在集成 AI 服务到 Android 应用时,确保数据权限和安全性是至关重要的。这不仅保护了用户的隐私和数据,还有助于遵守相关的法律法规,在企业开发中尤其重要。以下是需要考虑的 6 个关键方面。

1. 敏感数据处理

当应用处理敏感数据(如个人信息、地理位置、健康信息等)时,必须确保这些数据的安全性和隐私性。

(1) 数据加密。在传输和存储敏感数据时使用强加密标准(如 TLS/SSL 加密传输,AES 加密存储)。

(2) 最小化数据暴露。仅收集和存储完成任务所必需的最少数据量,并尽可能在本地处理数据,避免无谓地发送到服务器。

2. API 密钥管理

API 密钥是访问 AI 服务的重要凭证,必须妥善管理如下 3 方面内容。

(1) 避免硬编码。不要在代码中硬编码 API 密钥。考虑使用安全的存储解决方案,如 Android 的 Keystore 系统。

(2) 使用环境变量。在开发环境中,可以通过环境变量来管理密钥,这样可以减少泄漏风险。

(3) 权限控制。确保只有需要使用到 API 密钥的部分系统或人员才能访问。

3. 访问控制

确保应用内数据访问是安全的,且只对授权用户开放。

(1) 用户认证。实施强认证机制,如多因素认证。

(2) 角色基础的访问控制。根据用户角色限制对敏感数据的访问。

4. 安全编码实践

在开发过程中应遵守安全编码实践,防止常见的安全漏洞。

(1) 输入验证对。所有输入数据进行验证,防止注入攻击。

（2）错误处理。妥善处理错误，避免泄露敏感信息或系统细节。

（3）更新依赖。定期更新项目的依赖库，修复已知的安全漏洞。

5. 合规性和法规遵守

根据应用操作地和目标市场，可能需要遵守特定的数据保护法规，如欧盟的 GDPR（General Data Protection Regulation，通用数据保护条例）或美国的 CCPA（California Consumer Privacy Act，加州消费者隐私法案）。

（1）数据保护影响评估。对使用 AI 服务可能带来的数据保护影响进行评估。

（2）用户同意管理。确保在收集和处理用户数据前获得用户的明确同意。

（3）数据主体权利实施。实施机制以支持用户的数据访问、更正、删除等权利。

6. 持续监控和响应

建立安全监控系统，以实时监测潜在的安全威胁，并快速响应安全事件。

（1）日志和监控。记录关键操作的日志，并实施监控措施，以便在发生安全事件时迅速反应。

（2）安全培训和意识。定期对开发和运维团队进行安全培训，提高他们的安全意识和应对能力。

通过考虑上述这些因素，可以为开发者的 Android 应用提供一个安全的环境，保护用户数据免受侵犯，同时符合法律和道德的要求。

实训一

使用 Jetpack Compose 和数据绑定实现一个用户信息展示界面，要求通过 ViewModel 提供用户数据，并将数据动态绑定到界面上的文本框进行展示。

实训二

使用 Retrofit 库在 Jetpack Compose 中进行网络请求，获取用户列表并显示在界面上。要求实现一个简单的 HTTP 请求，获取并展示用户姓名列表。

第 5 章

密钥申请及项目架构搭建

视频讲解

知识目标

（1）理解并掌握基于 Android 平台的 AI 应用整体开发流程。

（2）理解并掌握项目架构的搭建。

技能目标

（1）能够进行密钥申请。

（2）能够进行整体项目架构搭建。

思维导图

```
                                    ┌─────────────┐
                                    │  整体流程概述  │
                                    └─────────────┘
┌──────────────────────┐           ┌─────────────┐
│ 密钥申请及项目架构搭建   │──────────│   密钥申请    │
└──────────────────────┘           └─────────────┘
                                    ┌─────────────┐
                                    │  项目架构搭建  │
                                    └─────────────┘
```

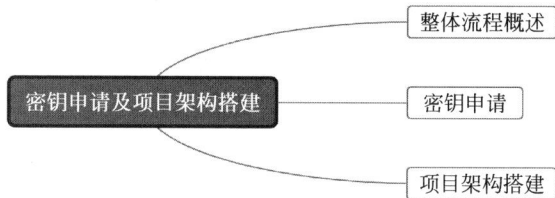

5.1 整体流程概述

在正式开发基于 Android 平台的 AI 应用前，先梳理一下整体开发流程，使读者从宏观上对 Android 应用集成 AI 平台有个清晰认识。本书所有 AI 应用项目都将以使用腾讯云 AI 开发平台的能力为例，这样读者只需要在腾讯云上创建一个账号即可，节省了去各个平台注册账号的时间。如果掌握其中一个平台接入的方法，那么其他平台的接入操作也会迎刃而解。具体整体流程如下。

（1）密钥申请。

（2）架构搭建。

（3）集成 SDK。

（4）权限配置。

（5）初始化客户端。

（6）调用及响应 API 接口。

（7）设计 UI 界面并显示结果。

5.2　密钥申请

打开腾讯云官方网站，在右上角直接单击"登录"按钮（没有注册的读者，可以先免费注册）。登录成功后单击右上角"控制台"按钮。控制台如图5-1所示。

图5-1　控制台

在控制台界面搜索栏中直接搜索"访问密钥"即可打开 API 密钥管理界面，如图5-2所示。

图5-2　密钥管理界面

单击"新建密钥"按钮弹出创建密钥窗口，切记一定根据窗口中的提示，保存好上面的密钥。单击"确定"按钮，密钥就创建好了，具体如图5-3所示。

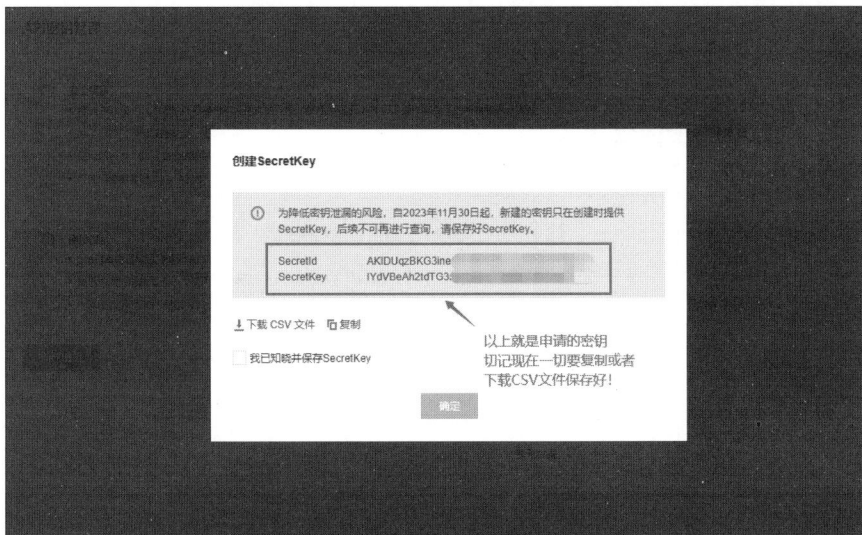

图 5-3　创建密钥

5.3　项目架构搭建

根据本书的 1.3 节重新创建一个项目，在新项目基础上对项目结构进行修改，以达到真正项目级别的 Android 应用结构。这里主要修改的都是 src 目录下的结构，具体如图 5-4 所示。

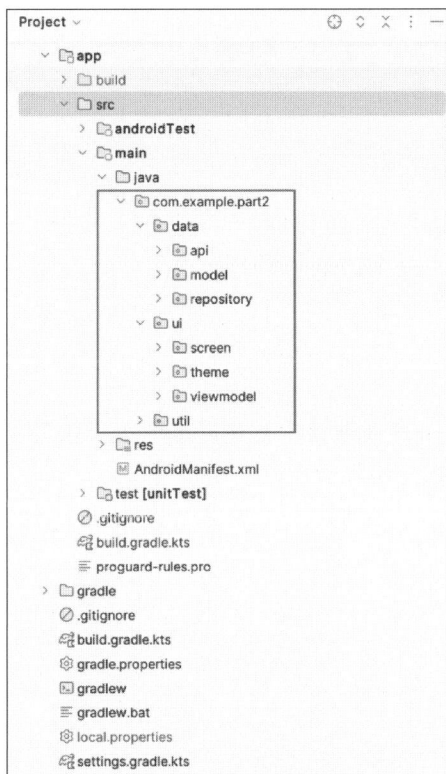

图 5-4　项目架构

改造后的项目架构各层目录介绍如图 5-5 所示。

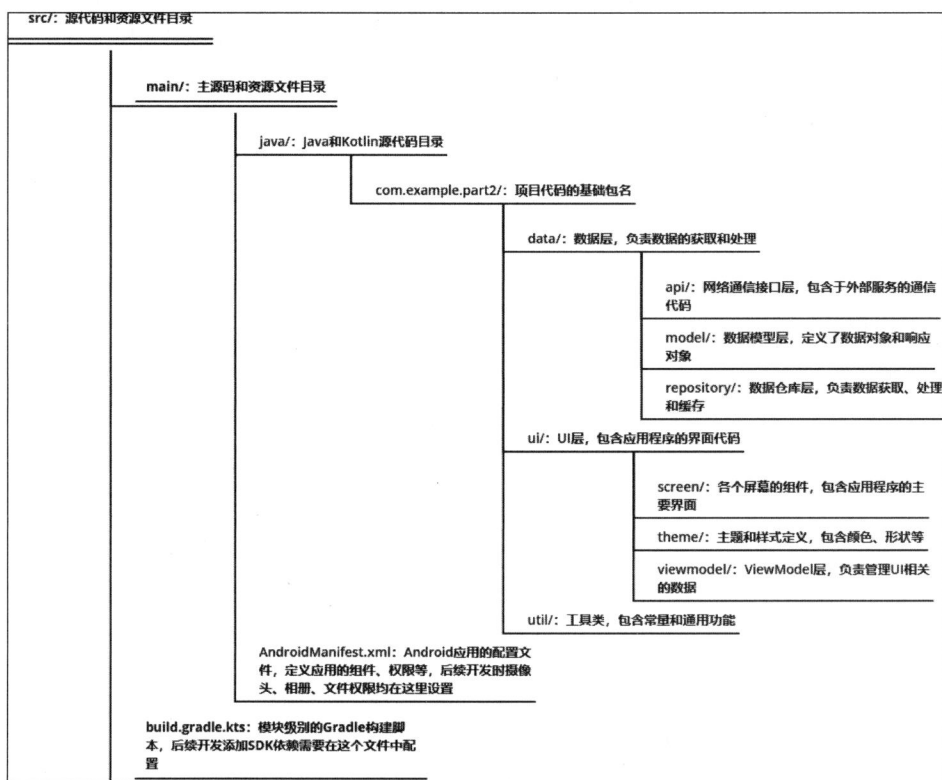

图 5-5　项目架构目录介绍

实训一

在 Android Studio 中创建一个新项目，集成某 AI 开放平台的 SDK，验证 SDK 的初始化是否成功，并在应用界面上显示初始化结果。

实训二

使用 Retrofit 或 OkHttp 库在项目中搭建网络请求模块，实现与 AI 开放平台的基本数据交互，并将响应结果展示在应用界面中。

图像识别应用开发

视频讲解

知识目标

（1）理解图像标签识别的功能作用。

（2）掌握图像识别中图像标签识别、商品识别、AI 面部识别功能的开发流程。

技能目标

（1）能够实现图像标签识别功能的开发。

（2）能够实现商品识别功能的开发。

（3）能够实现 AI 面部识别功能的开发。

思维导图

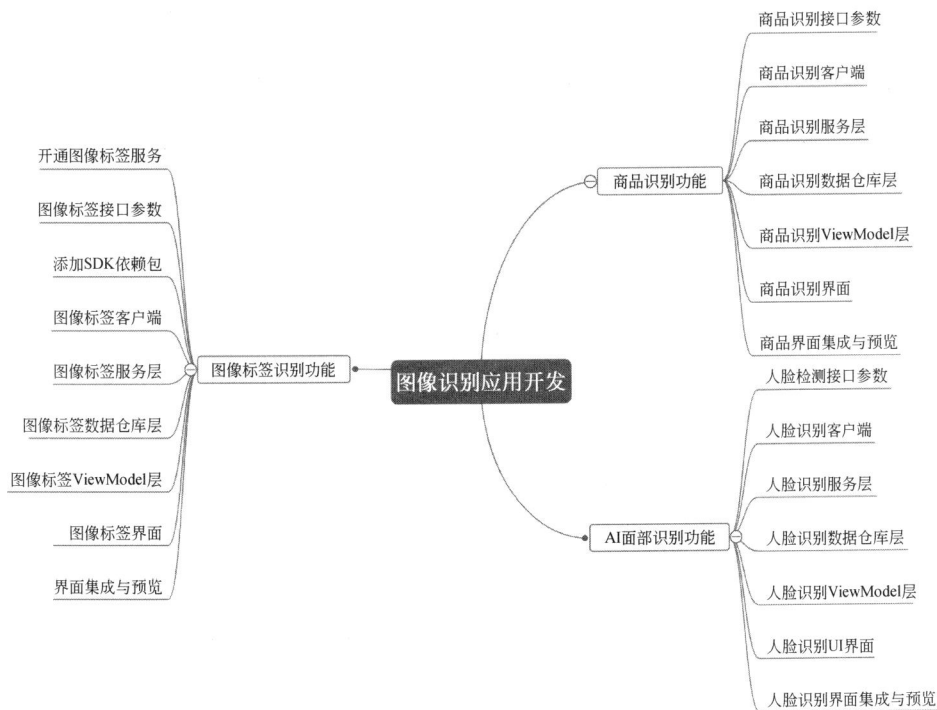

6.1 图像标签识别功能

图像标签识别功能是利用深度学习技术对图片进行智能分类和物体识别的服务。它可以识别图片中的各种物体或场景，并返回具体的名称和所属类别。腾讯云的这项服务覆盖了日常物品、场景、动物、植物、食物、饮品、交通工具等多个大类，数百个细分类目，以及数千个具体标签。

6.1.1 开通图像标签服务

在腾讯云官网首页直接搜索"图像标签"后，单击"立即选购"按钮即可开通图像标签能力（腾讯云给开发者提供了免费套餐，所以在开发调试阶段直接使用其免费套餐即可）。标签服务开通如图 6-1 所示。

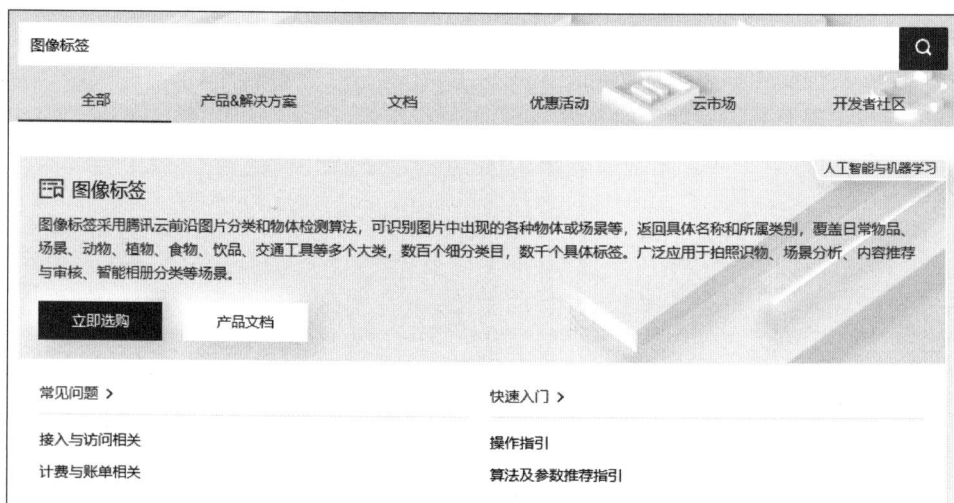

图 6-1　标签服务开通

6.1.2 图像标签接口参数

图像标签提供了一个名为 DetectLabel 的接口，通过该接口传输图片会返回标签数组，具体输入参数和输出参数如表 6-1 和表 6-2 所示。

表 6-1　输入参数

参数名称	是否必选	类型	描　　述
Action	是	String	本接口取值：DetectLabel
Version	是	String	本接口取值：2019-05-29
Region	是	String	地域列表（ap-beijing、ap-guangzhou、ap-shanghai），以 ap-guangzhou 为例

参数名称	是否必选	类型	描　述
ImageUrl	否	String	图片 URL 地址。 图片限制： • 图片格式：PNG、JPG、JPEG、BMP • 图片大小：所下载图片经 Base64 编码后不超过 4MB。图片下载时间不超过 3s 建议： • 图片像素：大于 50×50 像素，否则影响识别效果 • 长宽比：长边∶短边 < 5 • 接口响应时间会受到图片下载时间的影响，建议使用更可靠的存储服务，推荐将图片存储在腾讯云 COS 示例值：详见前言二维码
ImageBase64	否	String	图片 Base64 编码数据。 与 ImageUrl 同时存在时优先使用 ImageUrl 字段。 图片限制： • 图片格式：PNG、JPG、JPEG、BMP • 图片大小：经 Base64 编码后不超过 4MB 注意：图片需要 Base64 编码，并且要去掉编码头部

表 6-2　输出参数

参数名称	类　型	描　述
Labels	Array of DetectLabelItem	返回标签数组。 注意，此字段可能返回 null，表示取不到有效值
RequestId	String	唯一请求 ID，由服务端生成，每次请求都会返回（若请求因其他原因未能抵达服务端，则该次请求不会获得 RequestId）。 定位问题时需要提供该次请求的 RequestId

6.1.3　添加 SDK 依赖包

可以直接使用 SDK 方式来实现各项功能，这种方式能够使开发者更简单地调用 AI 应用能力，该 SDK 依赖包括了能使用的所有 AI 能力，因此这里添加一次，之后就不用再继续添加了。具体添加方法如下所示。

在模块级别下的 build.gradle.kts 文件中的 dependencies 对象下添加腾讯云 SDK 的依赖。具体代码如下所示。

```
dependencies {
    implementation("com.tencentcloudapi:tencentcloud-sdk-java:3.1.1013")
    // 其他依赖
}
```

注意，在填写完上述代码后，Android Studio 界面最上面会出现提示条，需要读者单击 Sync Now 按钮，会自动将 SDK 包下载到项目中，如图 6-2 所示。

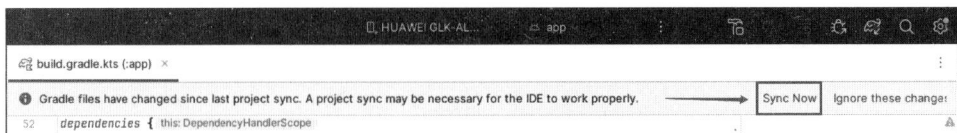

图 6-2　同步 SDK 依赖包

6.1.4　图像标签客户端

在 data/api 目录下创建一个名为 TencentCloudClient.kt 的文件，在该文件中创建图像标签客户端，具体代码如下所示。

```
package com.example.part2.data.api

import com.tencentcloudapi.common.Credential
import com.tencentcloudapi.common.profile.ClientProfile
import com.tencentcloudapi.common.profile.HttpProfile
import com.tencentcloudapi.tiia.v20190529.TiiaClient

object TencentCloudClient {
    // 图像标签客户端
    fun initTiiaClient(secretId: String, secretKey: String, region: String): TiiaClient {
        val cred = Credential(secretId, secretKey)
        val httpProf = HttpProfile().apply {
            endpoint = "tiia.tencentcloudapi.com"
        }
        val clientProfile = ClientProfile().apply {
            httpProfile = httpProf
        }
        return TiiaClient(cred, region, clientProfile)
    }
}
```

上述代码中创建了一个 TencentCloudClient 对象的主要功能是根据提供的凭证和配置初始化一个腾讯云的图像标签客户端 TiiaClient。通过这种方式，可以在代码中轻松创建和配置 TiiaClient 实例，用于调用腾讯云的图像分析服务。

6.1.5　图像标签服务层

继续在 data/api 目录下创建一个名为 TiiaService.kt 的文件，在该文件中调用图像标签提供的 DetectLabel 接口。具体代码如下所示。

```
package com.example.part2.data.api

import com.google.gson.Gson
import com.tencentcloudapi.tiia.v20190529.TiiaClient
import com.tencentcloudapi.tiia.v20190529.models.*

class TiiaService(private val tiiaClient: TiiaClient) {
    private val gson = Gson()
    // 图像标签
```

```
fun analyzeImage(imageBase64: String): String {
    try {
        val req = DetectLabelRequest().apply {
            setImageBase64(imageBase64)
        }
        val resp = tiiaClient.DetectLabel(req)
        return gson.toJson(resp)
    } catch (e: Exception) {
        return "Error: ${e.toString()}"
    }
}
```

这段代码实现将 Base64 编码的图像数据发送给腾讯云的图像标签识别服务,并将响应结果转换为 JSON 字符串返回。如果在请求过程中发生任何异常,函数会返回一个包含错误信息的字符串。这种处理方式确保了在遇到错误时不会导致程序崩溃,并且可以提供详细的错误信息以便调试。

上段代码中有两个知识点为读者详细介绍一下。

1. Gson

Gson 是 Google 提供的一个用于在 Java 和 Kotlin 中进行对象与 JSON 数据互相转换的库。它能够将 JSON 字符串解析为对象,或将对象序列化为 JSON 字符串。有两个常用的方法 fromJson()和 toJson()。

(1)formJson()方法将 JSON 字符串转换为对象。

(2)toJson()方法将对象转换为 JSON 字符串。

2. tiiaClient. DetectLabel

通过创建好的 TiiaClient 客户端来调用 6.1.2 节中介绍的方法 DetectLabel,发送请求并获取响应。之后以下每个服务层调用腾讯云提供的服务都是类似方式。

6.1.6 图像标签数据仓库层

在 data/repository 目录下创建一个 TencentCloudTiiaRepository. kt 文件,其中包含了名为 getImageAnalysis 的方法用于调用图像标签服务层获取数据,具体代码如下所示。

```
package com.example.part2.data.repository

import com.example.part2.data.api.TiiaService

class ImageRepository(private val tiiaService: TiiaService) {
    suspend fun getImageAnalysis(imageBase64: String): String {
        return tiiaService.analyzeImage(imageBase64)
    }
}
```

这层代码在项目中通常看着很简单,只是封装了从服务层 TiiaService 获取图像分析结果的逻辑。但这种封装有助于将数据获取逻辑与其他业务逻辑分离,使代码更清晰、更模块化。这种分离方式,在架构模式中叫作 MVVM 架构。

在 MVVM 架构中,ViewModel 通常依赖于 Repository 来获取数据。通过 ImageRepository,ViewModel 无须关心数据的获取过程(如网络请求),只需调用 Repository 的方法即可。这减少了 ViewModel 的复杂度,使其更专注于处理 UI 相关的逻辑。建议读者在开发应用程序时也按照这种架构模式来设计。

6.1.7　图像标签 ViewModel 层

在 ui/viewmodel 目录下创建一个 TagViewModel.kt 文件,用于负责 UI 层与数据层的数据转换、管理和更新。具体代码如下所示。

```kotlin
package com.example.part2.ui.viewmodel

// import 导入所需的依赖包

class TagViewModel(application: Application, private val imageRepository: ImageRepository):
AndroidViewModel(application) {
    // 创建一个 Channel 来发送事件
    private val _imagePickerEvent = Channel<Unit>(Channel.BUFFERED)
    // 提供一个 Flow 来观察事件
    val imagePickerEvent = _imagePickerEvent.receiveAsFlow()

    private val _tags = MutableStateFlow<List<Label>>(emptyList())
    val tags: StateFlow<List<Label>> = _tags

    private val _isLoading = MutableStateFlow(false)
    val isLoading: StateFlow<Boolean> = _isLoading

    private val _error = MutableStateFlow<String?>(null)
    val error: StateFlow<String?> = _error

    private val _imageUri = MutableStateFlow<Uri?>(null)
    val imageUri: StateFlow<Uri?> = _imageUri

    private val gson = Gson()
    fun getTagsForImage(imageData: String) {
        viewModelScope.launch(Dispatchers.IO) {
            _isLoading.value = true
            _error.value = null
            val analysisResult = imageRepository.getImageAnalysis(imageData)
            val tagList = gson.fromJson(analysisResult, TagListRes::class.java)
            _tags.value = tagList.Labels
            _isLoading.value = false
        }
    }
    // 触发选择图片的事件
    fun pickImage() {
        viewModelScope.launch {
            _imagePickerEvent.send(Unit)
        }
    }
    fun setImageUri(uri: Uri?) {
```

```
            viewModelScope.launch {
                uri?.let {
                    _imageUri.value = it
                    val imageData = convertImageToBase64(it)
                    getTagsForImage(imageData)
                }
            }
        }
    suspend fun convertImageToBase64(uri: Uri): String {
        return withContext(Dispatchers.IO) {
            val inputStream = getApplication<Application>().contentResolver.openInputStream(uri)
            val bytes = inputStream!!.readBytes()
            Base64.encodeToString(bytes, Base64.DEFAULT)
        }
    }
}


class TagViewModelFactory(
    private val application: Application,
    private val imageRepository: ImageRepository
) : ViewModelProvider.Factory {
    override fun <T : ViewModel> create(modelClass: Class<T>): T {
        if (modelClass.isAssignableFrom(TagViewModel::class.java)) {
            @Suppress("UNCHECKED_CAST")
            return TagViewModel(application, imageRepository) as T
        }
        throw IllegalArgumentException("Unknown ViewModel class")
    }
}
```

下面详细讲解一些示例代码中所用到的 Android 开发的知识点。

1. AndroidViewModel

AndroidViewModel 是 Android 架构组件库中的一个类,它扩展了 ViewModel 类。主要区别在于 AndroidViewModel 包含了一个应用程序上下文(Application context)。这允许 AndroidViewModel 访问需要上下文的资源,例如本地数据库或者资源文件。

当 ViewModel 需要应用程序上下文来执行某些操作时,应该使用 AndroidViewModel 而不是普通的 ViewModel。如果 ViewModel 不需要应用程序上下文执行某些操作时,那么使用普通的 ViewModel 就足够了,因为它更轻量级,也更容易进行单元测试。

总的来说,AndroidViewModel 是一个功能强大的组件,它在管理 UI 控制器(如 Activity 和 Fragment)与数据相关的业务逻辑方面提供了极大的便利,使得 UI 控制器能够专注于展示数据和响应用户交互。

2. ViewModel

ViewModel 是 Android Jetpack 组件库中的一个类,它的主要作用是管理 UI 控制器(如 Activity 和 Fragment)与数据相关的业务逻辑。ViewModel 的设计目的是解决设备配置变化时数据状态的保存问题,如屏幕旋转时防止数据丢失。

更重要的一点是,使用 ViewModel 能够使数据处理逻辑与界面逻辑分离,有助于更清晰、更易于测试和维护的代码结构。这也是 MVVM 架构模式中的关键一层。

3. 协程

协程代码示例如下所示。

```
viewModelScope.launch(Dispatchers.IO) {
    // 代码
}
```

示例中使用了 2.6 节中介绍的协程。其中 viewModelScope 是在 viewModel 中启动了协程的作用域，确保协程在 ViewModel 清理时取消。Dispatchers.IO 用于进行 I/O 操作的协程调度器，避免阻塞主线程。

4. 方便高效的状态管理和数据流（StateFlow 和 MutableStateFlow）

为了开发一款更现代化的响应式编程范式，达到数据实时更新到 UI 层，此时就需要一个高效安全的状态管理和数据流管理工具，因此 Kotlin 协程库中提供了 StateFlow 和 MutableStateFlow 两个类。它类似于第三方 LiveData 工具，但比它具有更强的灵活性和一致性 API 设计，非常适合在 Jetpack Compose 和其他响应式编程场景中使用。本项目中的这段代码就是使用 StateFlow 和 MutableStateFlow 的实践案例。

```
private val _tags = MutableStateFlow<List<Label>>(emptyList())
val tags: StateFlow<List<Label>> = _tags

private val _isLoading = MutableStateFlow(false)
val isLoading: StateFlow<Boolean> = _isLoading

private val _error = MutableStateFlow<String?>(null)
val error: StateFlow<String?> = _error

private val _imageUri = MutableStateFlow<Uri?>(null)
val imageUri: StateFlow<Uri?> = _imageUri
```

5. Channel 和 Flow

Channel 和 Flow 是 Kotlin 也是协程库中的两个关键概念，它们用于处理数据流和异步操作。

（1）Channel 是一种用于协程之间通信的数据结构。它类似于阻塞队列，但是专门为协程设计，用于在不同协程之间传递数据。Channel 可以实现生产者-消费者模式，其中一个协程充当生产者，生成数据并将其发送到 Channel；而另一个协程充当消费者，从 Channel 中接收并处理数据。

它的使用场景是，当需要在协程之间传递数据或实现多线程应用程序中的任务调度和工作分配时。它类似于 Java 中的 BlockingQueue，但它是非阻塞的。

（2）Flow 是 Kotlin 协程库中的另一个关键概念，用于构建响应式数据流。Flow 是一种冷流（Cold Stream），它只有在收集（collect）时才开始发射数据。Flow 可以代表一个潜在的无限数据流，例如传感器数据、实时事件等。

Flow 的使用场景是当需要处理一系列异步事件时，如网络请求或数据库操作。或者在构建实时更新的用户界面时，如显示实时搜索结果或消息列表。

6. Flow 与 StateFlow 和 MutableStateFlow 相同点、区别和使用场景

Flow、StateFlow 和 MutableStateFlow 都是 Kotlin 协程库中用于处理数据流的组件。它们之间有一些相似点，也有一些关键的区别。

（1）相同点。

① 响应式编程。都支持响应式编程范式，允许开发者以声明式的方式处理数据流。

② 协程友好。都与 Kotlin 协程紧密集成，可以在协程中使用，以非阻塞的方式处理异步数据流。

③ 线程安全。都是线程安全的，可以在多线程环境中安全使用。

（2）不同点。

① Flow。

- 冷流（cold stream）。Flow 是一个冷流，表示异步数据流，只有在有收集器开始收集时才会开始发射数据。
- 无状态。Flow 不保持状态，每次收集都会重新执行数据发射的操作。

② StateFlow。

- 热流（hot stream）。StateFlow 是一个热流，它始终保持最新的状态值，即使没有收集器也会保持这个状态。是特殊的 Flow。
- 有状态。StateFlow 保持一个状态值，当状态更新时，所有的收集器都会收到新的状态。

③ MutableStateFlow。

- 可变性。MutableStateFlow 是 StateFlow 的可变版本，允许更新状态值。
- 初始值。创建 MutableStateFlow 时需要提供一个初始值。

（3）使用场景。

① Flow 适用于不需要持有状态的场景，如网络请求结果、数据库查询结果，用于处理一次性的数据流或事件流。

② StateFlow 和 MutableStateFlow 适合于需要保持并观察状态变化的场景，如 UI 状态管理。常用于替代 LiveData，尤其是在 Jetpack Compose 中。

7. Base64 编码

Base64 编码是一种用于将二进制数据转换为文本字符串的编码方法。常用于在需要以文本形式传输二进制数据的场景，如在 HTTP、电子邮件等场景中传输图像、文件或其他二进制数据。本项目中图片和音频都需要使用 Base64 编码方式传递给腾讯云 API。在 Kotlin 中，可以使用 Android SDK 提供的 android. util. Base64 类进行 Base64 编码和解码。

（1）编码。

将字节数组编码为 Base64 字符串。

```
import android.util.Base64

fun encodeToBase64(bytes: ByteArray): String {
    return Base64.encodeToString(bytes, Base64.DEFAULT)
}
```

（2）解码。

将 Base64 字符串解码为字节数组。

```
import android.util.Base64

fun decodeFromBase64(base64String: String): ByteArray {
    return Base64.decode(base64String, Base64.DEFAULT)
}
```

本项目中的下面代码就是将图片转换成 Base64 编码，代码如下。

```
suspend fun convertImageToBase64(uri: Uri): String {
    return withContext(Dispatchers.IO) {
        val inputStream = getApplication<Application>().contentResolver.openInputStream(uri)
        val bytes = inputStream!!.readBytes()
        Base64.encodeToString(bytes, Base64.DEFAULT)
    }
}
```

6.1.8 图像标签界面

在 ui/screen 目录下创建一个 TagScreen.kt 文件，用于向用户展示图像标签功能界面，具体代码如下所示。

```
package com.example.part2.ui.screen

// import 导入所需的依赖包

@OptIn(ExperimentalMaterial3Api::class)
@Composable
fun TagScreen(viewModel: TagViewModel, navController: NavController) {
    val imageUri by viewModel.imageUri.collectAsState()
    val tags by viewModel.tags.collectAsState()
    val isLoading by viewModel.isLoading.collectAsState()

    Scaffold(
        topBar = {
            TopAppBar(
                title = { Text("图像标签检测", style = MaterialTheme.typography
.headlineMedium) },
                navigationIcon = {
                    IconButton(onClick = { navController.navigateUp() }) {
                        Icon(Icons.Default.ArrowBack, contentDescription = "Back")
                    }
                },
                colors = TopAppBarDefaults.topAppBarColors(
                    containerColor = MaterialTheme.colorScheme.primaryContainer,
                    titleContentColor = MaterialTheme.colorScheme.onPrimaryContainer
                )
            )
        }
    ) { paddingValues ->
        LazyColumn(
            modifier = Modifier
```

```
                    .padding(paddingValues)
                    .fillMaxSize()
            ) {
                item {
                    Card(
                        modifier = Modifier
                            .padding(16.dp)
                            .fillMaxWidth(),
                        elevation = CardDefaults.cardElevation(defaultElevation = 4.dp)
                    ) {
                        Column(
                            modifier = Modifier.padding(16.dp),
                            horizontalAlignment = Alignment.CenterHorizontally
                        ) {
                            Text(
                                text = "上传图片进行标记",
                                style = MaterialTheme.typography.titleLarge,
                                modifier = Modifier.padding(bottom = 16.dp)
                            )
                            Button(
                                onClick = { viewModel.pickImage() },
                                modifier = Modifier.fillMaxWidth(),
                                colors = ButtonDefaults.buttonColors(
                                    containerColor = MaterialTheme.colorScheme.secondary
                                )
                            ) {
                                Icon(Icons.Default.Add, contentDescription = null, modifier =
Modifier.padding(end = 8.dp))
                                Text("选择图片")
                            }
                            Spacer(modifier = Modifier.height(16.dp))
                            imageUri?.let { uri ->
                                ImagePreview(uri = uri)
                            }
                        }
                    }
                }

                item {
                    if (isLoading) {
                        Box(
                            modifier = Modifier
                                .fillMaxWidth()
                                .padding(16.dp),
                            contentAlignment = Alignment.Center
                        ) {
                            CircularProgressIndicator(
                                color = MaterialTheme.colorScheme.secondary,
                                modifier = Modifier.size(48.dp)
                            )
                        }
                    } else if (tags.isNotEmpty()) {
                        Card(
```

```
                            modifier = Modifier
                                .padding(16.dp)
                                .fillMaxWidth(),
                            elevation = CardDefaults.cardElevation(defaultElevation = 4.dp)
                        ) {
                            Column(modifier = Modifier.padding(16.dp)) {
                                Text(
                                    text = "检测到的标签",
                                    style = MaterialTheme.typography.titleLarge,
                                    modifier = Modifier.padding(bottom = 16.dp)
                                )
                                tags.forEach { tag ->
                                    TagItem(tag)
                                    Divider(color = MaterialTheme.colorScheme.onSurface
.copy(alpha = 0.1f))
                                }
                            }
                        }
                    }
                }
            }
        }

        val imagePickerLauncher = rememberLauncherForActivityResult(
            contract = ActivityResultContracts.GetContent()
        ) { uri: Uri? ->
            viewModel.setImageUri(uri)
        }

        LaunchedEffect(viewModel) {
            viewModel.imagePickerEvent.collect {
                imagePickerLauncher.launch("image/*")
            }
        }
    }
}


@Composable
fun ImagePreview(uri: Uri) {
    val painter = rememberAsyncImagePainter(model = uri)
    Image(
        painter = painter,
        contentDescription = "Loaded image",
        modifier = Modifier
            .fillMaxWidth()
            .height(200.dp)
            .clip(RoundedCornerShape(8.dp)),
        contentScale = ContentScale.Crop
    )
}

@Composable
fun TagList(tags: List<Label>) {
```

```
LazyColumn {
    items(tags) { tag ->
        TagItem(tag)
        Divider(color = MaterialTheme.colorScheme.onSurface.copy(alpha = 0.1f))
    }
}
}


@Composable
fun TagItem(tag: Label) {
    Row(
        modifier = Modifier
            .fillMaxWidth()
            .padding(vertical = 12.dp, horizontal = 16.dp),
        verticalAlignment = Alignment.CenterVertically
    ) {
        Text(
            text = tag.FirstCategory,
            style = MaterialTheme.typography.bodyLarge,
            color = MaterialTheme.colorScheme.primary,
            modifier = Modifier.weight(1f)
        )
        Text(
            text = tag.Name,
            style = MaterialTheme.typography.bodyMedium,
            modifier = Modifier.weight(1f)
        )
    }
}
```

示例为 UI 层代码，展示了一个使用 Jetpack Compose 构建的图像标签检测界面，利用了 Scaffold、TopAppBar、Column、Button、Text、Image 等 Material 组件，以及 StateFlow 和 Channel 进行状态管理和事件处理。通过 rememberLauncherForActivityResult 和 LaunchedEffect 处理图片选择，使代码简洁且功能完备。

1. 图片选择功能

图片选择功能是通过一个 ActivityResultLauncher 实现的，这是一个用于处理 Activity 结果的新 API。在代码中，rememberLauncherForActivityResult 函数与 ActivityResultContracts.GetContent 契约一起使用，允许用户从设备中选择图片。

```
val imagePickerLauncher = rememberLauncherForActivityResult(
    contract = ActivityResultContracts.GetContent()
) { uri: Uri? ->
    // 处理图片选择结果，例如更新 ViewModel 中的 ImageUri 状态
    viewModel.setImageUri(uri)
}
```

当用户单击按钮触发 viewModel.pickImage 方法时，会发送一个事件到_imagePickerEvent Channel。LaunchedEffect 监听这个事件，并调用 imagePickerLauncher.launch("image/*")来打开图片选择器。

```
// 收集 ViewModel 中的事件并触发图片选择器
LaunchedEffect(viewModel) {
    viewModel.imagePickerEvent.collect {
        imagePickerLauncher.launch("image/ * ")
    }
}
```

2. 状态管理

在 6.1.7 节的 ViewModel 中，状态如_imageUri、_tags、_isLoading 和_error 都是通过 MutableStateFlow 来管理的。

```
private val _imageUri = MutableStateFlow < Uri?>(null)
val imageUri: StateFlow < Uri?> = _imageUri
```

在 UI 层的 Composable 函数中，这些状态通过 collectAsState 方法收集，并在 UI 中显示。例如，imageUri 状态用于显示图片预览，tags 状态用于显示标签列表，isLoading 状态用于显示或隐藏加载指示器。

```
val imageUri by viewModel.imageUri.collectAsState()
val tags by viewModel.tags.collectAsState()
val isLoading by viewModel.isLoading.collectAsState()
```

这样，当状态更新时，UI 会自动重组以反映最新的状态。这是一种声明式的 UI 更新方式，使得状态管理变得更加简单和直观。

6.1.9　界面集成与预览

1. 集成到主界面

在主界面直接调用集成的代码，具体代码如下所示。

```
class MainActivity : ComponentActivity() {
    override fun onCreate(savedInstanceState: Bundle?) {
        super.onCreate(savedInstanceState)
        setContent {
            val navController = rememberNavController()
            val SECRET_ID = "你的密钥 SecretID"
            val SECRET_KEY = "你的密钥 SecretKey"
            val REGION = "ap - guangzhou"
            val tiiaService = TiiaService (TencentCloudClient.initTiiaClient (SECRET _ ID,
SECRET_KEY, REGION))
            val imageRepository = ImageRepository(tiiaService)
            val viewModelFactory = TagViewModelFactory(this.application, imageRepository)
            val viewModel = ViewModelProvider(this, viewModelFactory)[TagViewModel::class.java]
            NavHost(navController = navController, startDestination = "tag") {
                composable("tag") {
                    TagScreen(viewModel = viewModel, navController)
                }
            }
        }
    }
}
```

在这段代码中,MainActivity 负责初始化应用程序的关键组件。当应用程序启动时,调用 setContent 设置 Compose 布局。然后,使用 rememberNavController 创建导航控制器 navController。之后,初始化腾讯云图像识别客户端,并通过 TiiaService 封装图像标签检测 API 逻辑,创建 ImageRepository。之后,利用 ImageRepository 和自定义的 TagViewModelFactory 创建 TagViewModel 实例。最后,设置 NavHost,定义"tag"路由,对应显示 TagScreen 组件,并传递 viewModel 和 navController 以管理界面和导航逻辑。这段代码展示了一个典型的 MVVM 架构应用程序的初始化过程。

注意,本书为了方便将密钥写在了项目代码中,但是在实际生产环境中,绝不应将敏感信息如密钥(Secret ID 和 Secret Key)硬编码到代码中。这不仅会带来安全风险,还不利于维护和管理。以下是 4 种常见的安全地存储和访问密钥的方法。

(1) 使用环境变量。

在操作系统中设置环境变量,以存储密钥。

```
// Windows 系统
set SECRET_ID = your_secret_id
set SECRET_KEY = your_secret_key

//macOS 和 Linux 系统
export SECRET_ID = your_secret_id
export SECRET_KEY = your_secret_key
```

在代码中,通过 System.getenv 就可以获取环境变量。

```
val SECRET_ID = System.getenv("SECRET_ID") ?: ""
val SECRET_KEY = System.getenv("SECRET_KEY") ?: ""
```

(2) 使用配置文件。

将密钥存储在应用程序的配置文件中,并在代码中读取这些配置。确保配置文件不包含在版本控制中,并采取措施保护它的安全。

① 创建配置文件。创建一个 secrets.properties 文件,文件内容如下。

```
SECRET_ID = your_secret_id
SECRET_KEY = your_secret_key
```

② 读取配置文件。使用 Properties 类读取配置文件。

```
import java.util.Properties
import java.io.InputStream

fun loadProperties(): Properties {
    val properties = Properties()
    val inputStream: InputStream = MainActivity::class.java.getResourceAsStream("/secrets.
properties")
    properties.load(inputStream)
    return properties
}

val properties = loadProperties()
```

```
val SECRET_ID = properties.getProperty("SECRET_ID") ?: ""
val SECRET_KEY = properties.getProperty("SECRET_KEY") ?: ""
```

（3）使用 Android Keystore。

在 Android 应用中，可以使用 Android Keystore System 来存储加密密钥，并在需要时执行加密和解密操作。

① 存储密钥。将密钥加密存储在 SharedPreferences 中。

```
import android.content.Context
import android.security.keystore.KeyGenParameterSpec
import android.security.keystore.KeyProperties
import javax.crypto.Cipher
import javax.crypto.KeyGenerator
import javax.crypto.SecretKey
import javax.crypto.spec.GCMParameterSpec
import android.util.Base64

fun encrypt(context: Context, alias: String, data: String): String {
    val keyGenerator = KeyGenerator.getInstance(KeyProperties.KEY_ALGORITHM_AES, "AndroidKeyStore")
    val keyGenParameterSpec = KeyGenParameterSpec.Builder(
        alias,
        KeyProperties.PURPOSE_ENCRYPT or KeyProperties.PURPOSE_DECRYPT
    ).setBlockModes(KeyProperties.BLOCK_MODE_GCM)
     .setEncryptionPaddings(KeyProperties.ENCRYPTION_PADDING_NONE)
     .build()
    keyGenerator.init(keyGenParameterSpec)
    val secretKey = keyGenerator.generateKey()

    val cipher = Cipher.getInstance("AES/GCM/NoPadding")
    cipher.init(Cipher.ENCRYPT_MODE, secretKey)
    val encryptionIv = cipher.iv
    val encryptedData = cipher.doFinal(data.toByteArray(Charsets.UTF_8))
    val encryptedDataWithIv = encryptionIv + encryptedData
    return Base64.encodeToString(encryptedDataWithIv, Base64.DEFAULT)
}

fun saveEncryptedSecret(context: Context, alias: String, secret: String) {
    val encryptedSecret = encrypt(context, alias, secret)
    val sharedPreferences = context.getSharedPreferences("secrets", Context.MODE_PRIVATE)
    sharedPreferences.edit().putString(alias, encryptedSecret).apply()
}
```

② 读取密钥。

```
从 SharedPreferences 中读取加密密钥，并进行解密。
fun decrypt(context: Context, alias: String, encryptedData: String): String {
    val cipher = Cipher.getInstance("AES/GCM/NoPadding")
    val secretKey = getSecretKey(alias)
    val encryptedDataWithIv = Base64.decode(encryptedData, Base64.DEFAULT)
    val encryptionIv = encryptedDataWithIv.sliceArray(0 until 12)
    val encryptedDataBytes = encryptedDataWithIv.sliceArray(12 until encryptedDataWithIv.size)
```

```
    val spec = GCMParameterSpec(128, encryptionIv)
    cipher.init(Cipher.DECRYPT_MODE, secretKey, spec)
    val decryptedData = cipher.doFinal(encryptedDataBytes)
    return String(decryptedData, Charsets.UTF_8)
}

fun getSecretKey(alias: String): SecretKey {
    val keyStore = KeyStore.getInstance("AndroidKeyStore")
    keyStore.load(null)
    return keyStore.getKey(alias, null) as SecretKey
}

fun getDecryptedSecret(context: Context, alias: String): String {
    val sharedPreferences = context.getSharedPreferences("secrets", Context.MODE_PRIVATE)
    val encryptedSecret = sharedPreferences.getString(alias, "") ?: ""
    return decrypt(context, alias, encryptedSecret)
}
```

（4）使用安全凭据管理服务。

利用云提供商的安全凭据管理服务（例如 AWS Secrets Manager、Azure Key Vault 或 Google Cloud Secret Manager）存储和管理密钥。通过 SDK 在应用中访问这些服务。

使用 AWS Secrets Manager 代码如下。

```
import com.amazonaws.services.secretsmanager.AWSSecretsManagerClientBuilder
import com.amazonaws.services.secretsmanager.model.GetSecretValueRequest

fun getSecret(): String {
    val client = AWSSecretsManagerClientBuilder.standard().withRegion("us-west-2").build()
    val request = GetSecretValueRequest().withSecretId("your_secret_id")
    val result = client.getSecretValue(request)
    return result.secretString
}
```

以上方式适用于最佳场景。

① 环境变量。适用于开发和生产环境中需要简单配置的场景。

② 配置文件。适用于需要外部配置文件来管理密钥的场景，但需确保配置文件不被版本控制系统管理。

③ Android Keystore。适用于 Android 应用中需要安全存储加密密钥的场景。

④ 安全凭据管理服务。适用于需要高度安全和集中化管理密钥的场景，尤其是云应用。

通过这些方法，选择最适合自己的场景来确保在生产环境中安全地存储和使用密钥，降低安全风险。

2. 真机预览

接下来直接使用真机来预览具体效果，关于如何使用真机预览请读者参考本书"附录 C 真机预览及调试"来配置。具体效果如图 6-3 所示。

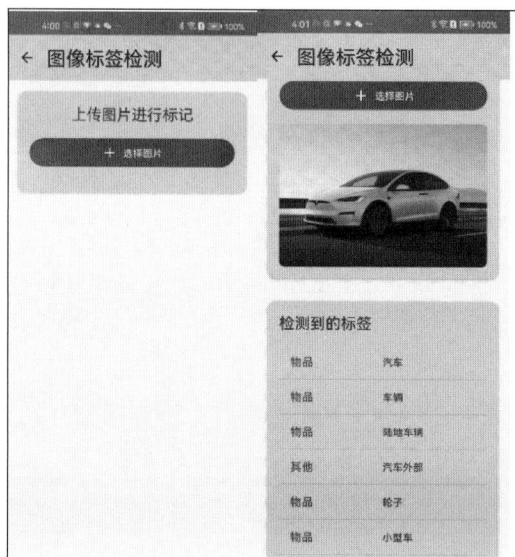

图 6-3　图像标签功能图

6.2　商品识别功能

商品识别与图像标签检测类似，但是区别在于应用的范围和细节程序。图像标签识别提供了对图片内容的全面描述，而图像物品识别则更专注于识别和定位图片中的特定物品。

6.2.1　商品识别接口参数

图像标签提供了一个名为 DetectProduct 的接口，通过该接口传输图片会返回标签数组，具体输入参数和输出参数如表 6-3 和表 6-4 所示。

表 6-3　输入参数

参数名称	必选	类型	描述
Action	是	String	本接口取值：DetectProduct
Version	是	String	本接口取值：2019-05-29
Region	是	String	地域列表（ap-beijing、ap-guangzhou、ap-shanghai）以 ap-guangzhou 为例
ImageUrl	否	String	图片 URL 地址。 图片限制： • 图片格式：PNG、JPG、JPEG、BMP • 图片大小：所下载图片经 Base64 编码后不超过 4MB。图片下载时间不超过 3s 建议： • 图片像素：大于 50×50 像素，否则影响识别效果 • 长宽比：长边：短边 <5 • 接口响应时间会受到图片下载时间的影响，建议使用更可靠的存储服务，推荐将图片存储在腾讯云 COS 示例值：详见前言二维码

参数名称	必选	类型	描　　述
ImageBase64	否	String	图片 Base64 编码数据。 与 ImageUrl 同时存在时优先使用 ImageUrl 字段。 图片限制： • 图片格式：PNG、JPG、JPEG、BMP • 图片大小：经 Base64 编码后不超过 4MB 注意：图片需要 Base64 编码，并且要去掉编码头部

表 6-4　输出参数

参数名称	类　　型	描　　述
Products	Array of Product	商品识别结果数组
RequestId	String	唯一请求 ID，由服务端生成，每次请求都会返回（若请求因其他原因未能抵达服务端，则该次请求不会获得 RequestId）。定位问题时需要提供该次请求的 RequestId

6.2.2　商品识别客户端

商品识别和图像标签识别在 SDK 中使用的是同一个客户端，因此直接使用图像识别客户端即可，代码如下所示。

```
fun initTiiaClient(secretId: String, secretKey: String, region: String): TiiaClient {
    val cred = Credential(secretId, secretKey)
    val httpProf = HttpProfile().apply {
        endpoint = "tiia.tencentcloudapi.com"
    }
    val clientProfile = ClientProfile().apply {
        httpProfile = httpProf
    }
    return TiiaClient(cred, region, clientProfile)
}
```

6.2.3　商品识别服务层

在 TiiaService.kt 文件中新增 detectProductInfo 方法，用于调用商品识别接口。具体代码如下所示。

```
fun detectProductInfo(imageBase64: String): String {
    try {

        var req = DetectProductRequest().apply {
            setImageBase64(imageBase64)
        }
        val resp = tiiaClient.DetectProduct(req)
        return gson.toJson(resp)
    } catch (e: Exception) {
```

```
        return "Error: ${e.toString()}"
    }
}
```

上述代码和图像标签代码类似，这里就不再赘述。

6.2.4　商品识别数据仓库层

在 TencentCloudTiiaRepository.kt 文件中继续添加名为 getImageProductInfo 方法，具体代码如下所示。

```
suspend fun getImageProductInfo(imageBase64: String): String {
    return tiiaService.detectProductInfo(imageBase64)
}
```

这段代码定义了一个挂起函数（suspend function）getImageProductInfo，它是在 Kotlin 协程上下文中使用的。该函数接收一个 Base64 编码的图像字符串作为参数，并使用 tiiaService（一个图像分析服务的实例）来调用 detectProductInfo 方法。这个方法可用于检测图像中的产品信息，并返回结果。

函数的返回类型是 String，这意味着 detectProductInfo 方法将返回一个字符串，可能是 JSON 格式的字符串，包含了图像中检测到的产品信息。

由于这是一个挂起函数，它可以在不阻塞主线程的情况下执行长时间运行的操作，如网络请求。这使得它适合于在后台执行耗时的任务，同时仍然能够保持应用程序的响应性。当 detectProductInfo 方法完成时，挂起函数将恢复执行，并返回结果。

6.2.5　商品识别 ViewModel 层

在 ui/viewmodel 目录下新建一个 DetectProductViewModel.kt 文件，用于负责 UI 层于数据层的数据转换、管理、更新。具体代码如下所示。

```
package com.example.part2.ui.viewmodel

// import 导入所需的依赖包

class DetectProductViewModel(application: Application, private val imageRepository: ImageRepository) :
AndroidViewModel(application) {
    // 创建一个 Channel 来发送事件
    private val _imagePickerEvent = Channel<Unit>(Channel.BUFFERED)
    // 提供一个 Flow 来观察事件
    val imagePickerEvent = _imagePickerEvent.receiveAsFlow()
    private val _productinfo = MutableStateFlow<List<ProductInfo>>(emptyList())
    val productList: StateFlow<List<ProductInfo>> = _productinfo
    private val _isLoading = MutableStateFlow(false)
    val isLoading: StateFlow<Boolean> = _isLoading
    private val _error = MutableStateFlow<String?>(null)
    val error: StateFlow<String?> = _error
    // 使用 MutableStateFlow 来保存 Uri 类型的 imageUri 状态
    private val _imageUri = MutableStateFlow<Uri?>(null)
```

```
        val imageUri: StateFlow<Uri?> = _imageUri
        private val gson = Gson()
        fun getProductInfoForImage(imageData: String) {
            viewModelScope.launch(Dispatchers.IO) {
                _isLoading.value = true
                _error.value = null
                val detectProductResult = imageRepository.getImageProductInfo(imageData)
                val _productList = gson.fromJson(detectProductResult, ProductListRes::class.java)
                _productinfo.value = _productList.Products
                _isLoading.value = false
            }
        }
        // 触发选择图片的事件
        fun pickImage() {
            viewModelScope.launch {
                _imagePickerEvent.send(Unit)
            }
        }
        fun setImageUri(uri: Uri?) {
            Log.d("Liang", "setImageUri")
            viewModelScope.launch {
                uri?.let {
                    _imageUri.value = it
                    val imageData = convertImageToBase64(it)
                    getProductInfoForImage(imageData)
                }
            }
        }
        suspend fun convertImageToBase64(uri: Uri): String {
            return withContext(Dispatchers.IO) {
                val inputStream = getApplication<Application>().contentResolver.openInputStream(uri)
                val bytes = inputStream!!.readBytes()
                Base64.encodeToString(bytes, Base64.DEFAULT)
            }
        }
    }
    class DetectProductModelFactory(
        private val application: Application,
        private val imageRepository: ImageRepository
    ) : ViewModelProvider.Factory {

        override fun <T : ViewModel> create(modelClass: Class<T>): T {
            if (modelClass.isAssignableFrom(DetectProductViewModel::class.java)) {
                @Suppress("UNCHECKED_CAST")
                return DetectProductViewModel(application, imageRepository) as T
            }
            throw IllegalArgumentException("Unknown ViewModel class")
        }
    }
```

该代码定义了 DetectProductViewModel 和 DetectProductModelFactory 类，用于管理图像商品检测功能的业务逻辑和状态。

1. DetectProductViewModel 类

DetectProductViewModel 类继承自 AndroidViewModel，负责处理图像的商品检测逻辑，并管理与商品检测相关的 UI 状态。具体功能包括：

（1）触发图片选择事件。

（2）管理图片选择和商品检测的状态。

（3）将图像 URI 转换为 Base64 编码。

（4）通过调用 ImageRepository 获取商品检测信息。

主要成员变量和方法如下。

（1）成员变量。

① _imagePickerEvent 和 imagePickerEvent。Channel 和 Flow 用于触发和观察图片选择事件。

② _productinfo 和 productList。MutableStateFlow 和 StateFlow 用于存储和观察商品信息列表。

③ _isLoading 和 isLoading。MutableStateFlow 和 StateFlow 用于管理加载状态。

④ _imageUri 和 imageUri。MutableStateFlow 和 StateFlow 用于存储和观察选中的图像 URI。

⑤ gson。用于将 JSON 响应解析为数据模型。

（2）主要方法。

① getProductInfoForImage(imageData：String)。接收 Base64 编码的图像数据，调用 ImageRepository 获取商品检测信息，并更新相关状态。

② pickImage()。触发图片选择事件。

③ setImageUri(uri：Uri?)。设置选中的图像 URI，将其转换为 Base64 编码，并获取商品检测信息。

④ convertImageToBase64(uri：Uri)：String。将选中的图像 URI 转换为 Base64 编码字符串。

2. DetectProductModelFactory 类

DetectProductModelFactory 是一个自定义的 ViewModelProvider. Factory，用于创建 DetectProductViewModel 实例，并传递必要的依赖项（如 Application 和 ImageRepository）。

主要成员变量和方法如下。

（1）成员变量

① application。Application 实例，用于提供应用上下文。

② imageRepository。ImageRepository 实例，用于数据获取。

（2）主要方法

create(modelClass：Class＜T＞)：T。重写 ViewModelProvider. Factory 的 create 方法，根据传入的 modelClass 创建并返回 DetectProductViewModel 实例。如果传入的 modelClass 不是 DetectProductViewModel，则抛出 IllegalArgumentException。

DetectProductViewModel 和 DetectProductModelFactory 实现了图像商品检测的业务逻辑和状态管理，通过与 ImageRepository 交互获取商品检测信息，并在 UI 层提供状态数据。主要功能包括图片选择、图像转换、数据获取和状态管理。

6.2.6　商品识别界面

在 ui/screen 目录下新建一个 DetectProductScreen.kt 文件用于向用户展示商品识别功能界面,具体代码如下所示。

```kotlin
package com.example.part2.ui.screen

// import 导入所需的依赖包

@OptIn(ExperimentalMaterial3Api::class)
@Composable
fun DetectProductScreen(viewModel: DetectProductViewModel, navController: NavController) {
    // 收集状态
    val imageUri by viewModel.imageUri.collectAsState()
    val productinfo by viewModel.productList.collectAsState()
    val isLoading by viewModel.isLoading.collectAsState()
    Scaffold(
        topBar = {
            TopAppBar(
                title = { Text("商品识别功能") },
                navigationIcon = {
                    IconButton(onClick = { navController.navigateUp() }) {
                        Icon(
                            imageVector = Icons.Default.ArrowBack,
                            contentDescription = "Back"
                        )
                    }
                }
            )
        }
    ) { paddingValues ->
        Column(modifier = Modifier.padding(paddingValues).padding(16.dp)) {
            // 标题
            Text(
                text = "上传商品图片进行识别",
                style = MaterialTheme.typoqraphy.titleLarge
            )
            Spacer(modifier = Modifier.height(20.dp))
            // "选择图片"按钮
            Button(onClick = { viewModel.pickImage() }) {
                Text("选择图片")
            }
            // 图片预览
            imageUri?.let { uri ->
                ProductImagePreview(uri = uri)
            }
            Spacer(modifier = Modifier.height(20.dp))
            // 检测到的标签标题
            Text(
                text = "检测到的商品图片结果",
                style = MaterialTheme.typography.titleLarge
            )
            // 加载指示器
            if (isLoading) {
```

```
                    CircularProgressIndicator()
                }
                // 商品信息列表
                ProductInfoList(productinfo)
            }
            // 记住 ActivityResultLauncher
            val imagePickerLauncher = rememberLauncherForActivityResult(
                contract = ActivityResultContracts.GetContent()
            ) { uri: Uri? ->
                // 处理图片选择结果,如更新 ViewModel 中的 imageUri 状态
                viewModel.setImageUri(uri)
            }
            // 收集 ViewModel 中的事件并触发图片选择器
            LaunchedEffect(viewModel) {
                viewModel.imagePickerEvent.collect {
                    imagePickerLauncher.launch("image/*")
                }
            }
        }
    }
}
@Composable
fun ProductImagePreview(uri: Uri) {
    // Display image from uri
    val painter = rememberAsyncImagePainter(model = uri)
    Image(
        painter = painter,
        contentDescription = "Loaded image",
        modifier = Modifier
            .fillMaxWidth()
            .height(200.dp),
        contentScale = ContentScale.Crop
    )
}
@Composable
fun ProductInfoList(productinfo: List<ProductInfo>) {
    Column {
        for (product in productinfo) {
            ProductItem(product)
        }
    }
}
@Composable
fun ProductItem(product: ProductInfo) {
    Row(modifier = Modifier
        .fillMaxWidth()
        .padding(8.dp)) {
        Text(product.Name, modifier = Modifier.weight(1f))
        Text(product.Parents, modifier = Modifier.weight(1f))
    }
}
```

该代码实现了一个商品识别功能的用户界面,包括以下主要三部分。

（1）商品识别主界面。DetectProductScreen,包括顶部应用栏、图片选择按钮、图片预览、加载指示器和商品信息列表。

（2）图片预览。ProductImagePreview,用于显示选中的图片。

（3）商品信息列表。ProductInfoList 和 ProductItem，用于显示检测到的商品信息。

通过这些功能，用户可以选择一张商品图片，应用程序会对该图片进行分析并显示检测到的商品信息，同时提供了良好的用户体验和状态管理。

6.2.7 商品界面集成与预览

1. 集成到主界面

在主界面直接调用集成的代码，具体代码如下所示。

```
class MainActivity : ComponentActivity() {
    override fun onCreate(savedInstanceState: Bundle?) {
        super.onCreate(savedInstanceState)
        setContent {
            val navController = rememberNavController()
            val SECRET_ID = "你的密钥 SecretID"
            val SECRET_KEY = "你的密钥 SecretKey"
            val REGION = "ap-guangzhou"
            val tiiaService = TiiaService(TencentCloudClient.initTiiaClient(SECRET_ID,
SECRET_KEY, REGION))
            val imageRepository = ImageRepository(tiiaService)
            val detectProductviewModelFactory = DetectProductModelFactory(self.application,
imageRepository)
            val detectProductviewModel = ViewModelProvider(self, detectProductviewModelFactory)
[DetectProductViewModel::class.java]
            NavHost(navController = navController, startDestination = "tag") {
                composable("tag") {
                    DetectProductScreen(viewModel = detectProductviewModel, navController)
                }
            }
        }
    }
}
```

2. 预览效果

预览效果如图 6-4 所示。

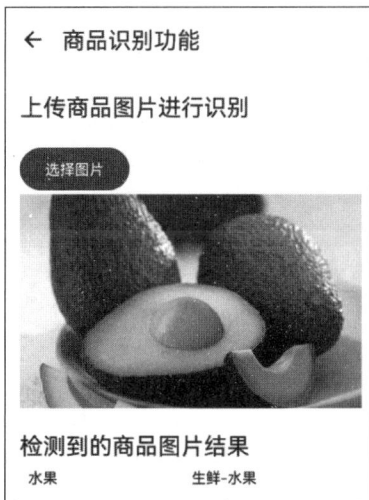

图 6-4 商品识别

6.3 AI面部识别功能

该功能可以检测人脸图片的年龄、颜值、表情、性别、是否戴眼镜、是否戴帽子、眼睛是否睁开等信息。

6.3.1 人脸检测接口参数

人脸检测提供了一个名为 DetectFace 接口，通过该接口传输图片会返回人脸信息列表，具体输入参数和输出参数如表 6-5 和表 6-6 所示。

表 6-5　输入参数

参 数 名 称	必选	类型	描　　　述
Action	是	String	本接口取值：DetectFace
Version	是	String	本接口取值：2020-03-03
Region	是	String	地域列表（ap-beijing、ap-guangzhou、ap-shanghai）我们以 ap-guangzhou 为例
MaxFaceNum	否	Integer	最多处理的人脸数目。默认值为1（仅检测图片中面积最大的那张人脸），最大值为120。 此参数用于控制处理待检测图片中的人脸个数，值越小，处理速度越快。 示例值：1
MinFaceSize	否	Integer	人脸长和宽的最小尺寸，单位为像素，低于 MinFaceSize 值的人脸不会被检测。 只支持设置 34 和 20，建议使用 34。 示例值：34
Image	否	String	图片 Base64 数据，Base64 编码后大小不可超过 5MB。 JPG 格式长边像素不可超过 4000，其他格式图片长边像素不可超 2000。所有格式的图片短边像素不小于 64。 支持 PNG、JPG、JPEG、BMP 格式，不支持 GIF 格式
Url	否	String	图片的 Url。对应图片 Base64 编码后大小不可超过 5MB。 JPG 格式长边像素不可超过 4000，其他格式图片长边像素不可超 2000。所有格式的图片短边像素不小于 64。 Url、Image 必须提供一个，如果都提供，只使用 Url。 支持 PNG、JPG、JPEG、BMP 格式，不支持 GIF 格式。 示例值：详见前言二维码
NeedFaceAttributes	否	Integer	是否开启质量检测。0 为关闭，1 为开启。默认为 0。 非 1 值均视为不进行质量检测。 最多返回面积最大的 30 张人脸质量分信息，超过 30 张人脸（第 31 张及以后的人脸）的 FaceQualityInfo 不具备参考意义。 建议：人脸入库操作建议开启此功能。 示例值：0

续表

参 数 名 称	必选	类 型	描 述
FaceModelVersion	否	String	人脸识别服务所用的算法模型版本。 目前入参支持 2.0 和 3.0 两个输入。 2020 年 4 月 2 日开始,默认为 3.0,之前使用过本接口的账号若未填写本参数默认为 2.0。 2020 年 11 月 26 日后开通服务的账号仅支持输入 3.0。 不同算法模型版本对应的人脸识别算法不同,新版本的整体效果会优于旧版本,建议使用 3.0 版本。 示例值:3.0
NeedRotateDetection	否	Integer	是否开启图片旋转识别支持。0 为不开启,1 为开启。默认为 0。本参数的作用为,当图片中的人脸被旋转且图片没有 exif 信息时,如果不开启图片旋转识别支持则无法正确检测、识别图片中的人脸。若确认图片包含 exif 信息或确认输入图中人脸不会出现被旋转情况,则不要开启本参数。开启后,整体耗时将可能增加数百毫秒。 示例值:0

表 6-6 输出参数

参 数 名 称	类 型	描 述
ImageWidth	Integer	请求的图片宽度。示例值:640
ImageHeight	Integer	请求的图片高度。示例值:440
FaceInfos	Array of FaceInfo	人脸信息列表。包含人脸坐标信息、属性信息(若需要)、质量分信息(若需要)
FaceModelVersion	String	人脸识别所用的算法模型版本。示例值:3.0
RequestId	String	唯一请求 ID,由服务端生成,每次请求都会返回

6.3.2 人脸识别客户端

在 data/api 目录下的 TencentCloudClient.kt 文件中新增一个名为 initFaceClient 方法,用于返回商品识别客户端,具体代码如下所示。

```kotlin
fun initFaceClient(secretId: String, secretKey: String, region: String): IaiClient {
    val cred = Credential(secretId, secretKey)
    val httpProf = HttpProfile().apply {
        endpoint = "iai.tencentcloudapi.com"
    }

    val clientProfile = ClientProfile().apply {
        httpProfile = httpProf
    }
    return IaiClient(cred, region, clientProfile)
}
```

该代码定义了一个 initFaceClient() 函数,用于初始化和配置一个人脸识别服务客户端(IaiClient)。通过这个初始化过程,应用程序可以使用返回的 IaiClient 对象来调用腾讯云提供的人脸识别相关的 API,执行如人脸检测、分析、识别等操作。

6.3.3　人脸识别服务层

在 data/api 目录下创建名为 FaceService.kt 的文件。具体代码如下所示。

```
package com.example.part2.data.api

import com.google.gson.Gson
import com.tencentcloudapi.iai.v20200303.models.*
import com.tencentcloudapi.iai.v20200303.IaiClient;

class FaceService(private val iaiClient: IaiClient) {
    private val gson = Gson()
    fun faceImage(imageBase64: String): String {
        try {
            // 实例化一个请求对象,每个接口都会对应一个 request 对象
            val req = DetectFaceRequest().apply {
                setImage(imageBase64)
                setNeedFaceAttributes(1)
            }
            // 返回的 resp 是一个 DetectFaceAttributesResponse 的实例,与请求对象对应
            val resp = iaiClient.DetectFace(req)
            return gson.toJson(resp)
        } catch (e: Exception) {
            return "Error: ${e.toString()}"
        }
    }
}
```

该代码定义了一个 FaceService 类,用于与人脸识别服务进行交互。它通过 IaiClient 调用人脸识别 API,传入 Base64 编码的图像,检测图像中的人脸,并返回检测结果。

6.3.4　人脸识别数据仓库层

在 data/repository 目录下创建一个 TencentCloudFaceRepository.kt 文件,其中包含了名为 getDetectFaceInfo 的方法用于调用人脸识别服务层获取数据,具体代码如下所示。

```
package com.example.part2.data.repository

import com.example.part2.data.api.FaceService

class FaceRepository(private val faceService: FaceService) {
    suspend fun getDetectFaceInfo(imageBase64: String): String {
        return faceService.faceImage(imageBase64)
    }
}
```

该代码定义了一个 FaceRepository 类,用于封装调用 FaceService 的逻辑,并提供一个用于获取人脸检测信息的接口。

6.3.5　人脸识别 ViewModel 层

在 ui/viewmodel 目录下创建一个 DetectFaceViewModel.kt 文件,用于负责 UI 层与数

据层的数据转换、管理和更新。具体代码如下所示。

```
package com.example.part2.ui.viewmodel

// import 导入所需的依赖包

class DetectFaceViewModel(application: Application, private val faceRepository: FaceRepository) :
AndroidViewModel(application) {
    // 创建一个 Channel 来发送事件
    private val _imagePickerEvent = Channel<Unit>(Channel.BUFFERED)
    // 提供一个 Flow 来观察事件
    val imagePickerEvent = _imagePickerEvent.receiveAsFlow()
    private val _faceInfo = MutableStateFlow<List<FaceInfo>>(emptyList())
    val faceInfoList: StateFlow<List<FaceInfo>> = _faceInfo
    private val _faceAttributesInfo = MutableStateFlow<FaceAttributesInfo?>(null)
    val faceAttributesInfo: StateFlow<FaceAttributesInfo?> = _faceAttributesInfo
    private val _isLoading = MutableStateFlow(false)
    val isLoading: StateFlow<Boolean> = _isLoading
    private val _error = MutableStateFlow<String?>(null)
    val error: StateFlow<String?> = _error
    // 使用 MutableStateFlow 来保存 Uri 类型的 imageUri 状态
    private val _imageUri = MutableStateFlow<Uri?>(null)
    val imageUri: StateFlow<Uri?> = _imageUri
    private val gson = Gson()
    fun getDetectFaceInfoForImage(imageData: String) {
        viewModelScope.launch(Dispatchers.IO) {
            _isLoading.value = true
            _error.value = null
            val detectFaceResult = faceRepository.getDetectFaceInfo(imageData)
            val _FaceDetectionResponse = gson.fromJson(detectFaceResult, FaceDetectionResponse::
class.java)
            _faceInfo.value = _FaceDetectionResponse.FaceInfos
            _faceAttributesInfo.value = _FaceDetectionResponse.FaceInfos[0].FaceAttributesInfo
            _isLoading.value = false
        }
    }
    // 触发选择图片的事件
    fun pickImage() {
        viewModelScope.launch {
            _imagePickerEvent.send(Unit)
        }
    }
    fun setImageUri(uri: Uri?) {
        viewModelScope.launch {
            uri?.let {
                _imageUri.value = it
                val imageData = convertImageToBase64(it)
                getDetectFaceInfoForImage(imageData)
            }
        }
    }
    suspend fun convertImageToBase64(uri: Uri): String {
        return withContext(Dispatchers.IO) {
            val inputStream = getApplication<Application>().contentResolver.openInputStream(uri)
            val bytes = inputStream!!.readBytes()
```

```
                Base64.encodeToString(bytes, Base64.DEFAULT)
            }
        }
    }
class DetectFaceModelFactory(
    private val application: Application,
    private val faceRepository: FaceRepository
) : ViewModelProvider.Factory {
    override fun <T : ViewModel> create(modelClass: Class<T>): T {
        if (modelClass.isAssignableFrom(DetectFaceViewModel::class.java)) {
            @Suppress("UNCHECKED_CAST")
            return DetectFaceViewModel(application, faceRepository) as T
        }
        throw IllegalArgumentException("Unknown ViewModel class")
    }
}
```

该代码定义了 DetectFaceViewModel 和 DetectFaceModelFactory 类，用于管理人脸检测功能的业务逻辑和状态。代码的详细描述如下。

1. DetectFaceViewModel 类

DetectFaceViewModel 类继承自 AndroidViewModel，主要负责处理图像的人脸检测逻辑，包括管理与人脸检测相关的 UI 状态。具体功能如下。

（1）触发图片选择事件。

（2）管理图片选择和人脸检测的状态。

（3）将图像 URI 转换为 Base64 编码。

（4）通过调用 FaceRepository 获取人脸检测信息。

主要成员变量和方法如下。

（1）成员变量。

① _imagePickerEvent 和 imagePickerEvent。Channel 和 Flow 用于触发和观察图片选择事件。

② _faceInfo 和 faceInfoList。MutableStateFlow 和 StateFlow 用于存储和观察人脸信息列表。

③ _faceAttributesInfo 和 faceAttributesInfo。MutableStateFlow 和 StateFlow 用于存储和观察人脸属性信息。

④ _isLoading 和 isLoading。MutableStateFlow 和 StateFlow 用于管理加载状态。

⑤ _imageUri 和 imageUri。MutableStateFlow 和 StateFlow 用于存储和观察选中的图像 URI。

⑥ gson。用于将 JSON 响应解析为数据模型。

（2）主要方法。

① getDetectFaceInfoForImage(imageData：String)。接收 Base64 编码的图像数据，调用 FaceRepository 获取人脸检测信息，并更新相关状态。

② pickImage()。触发图片选择事件。

③ setImageUri(uri：Uri?)。设置选中的图像 URI，将其转换为 Base64 编码，并获取人

脸检测信息。

④ convertImageToBase64(uri：Uri)。将选中的图像 URI 转换为 Base64 编码字符串。

2．DetectFaceModelFactory 类

DetectFaceModelFactory 是一个自定义的 ViewModelProvider．Factory，用于创建 DetectFaceViewModel 实例，并传递必要的依赖项（如 Application 和 FaceRepository）。

主要成员变量和方法如下。

（1）成员变量。

① application。Application 实例，用于提供应用上下文。

② faceRepository。FaceRepository 实例，用于数据获取。

（2）主要方法。

create(modelClass：Class < T >)：T。重写 ViewModelProvider．Factory 的 create 方法，根据传入的 modelClass 创建并返回 DetectFaceViewModel 实例。如果传入的 modelClass 不是 DetectFaceViewModel，则抛出 IllegalArgumentException。

DetectFaceViewModel 和 DetectFaceModelFactory 实现了人脸检测的业务逻辑和状态管理，通过与 FaceRepository 交互获取人脸检测信息，并在 UI 层提供状态数据。主要功能包括图片选择、图像转换、数据获取和状态管理，确保应用的响应性和良好的用户体验。

6.3.6 人脸识别界面

在 ui/screen 目录下创建一个 DetectFaceScreen．kt 文件用于向用户展示人脸识别功能界面，具体代码如下所示。

```
package com.example.part2.ui.screen

// import 导入所需的依赖包

@OptIn(ExperimentalMaterial3Api::class)
@Composable
fun DetectFaceScreen(viewModel: DetectFaceViewModel, navController: NavController) {
    // 收集状态
    val imageUri by viewModel.imageUri.collectAsState()
    val faceInfoList by viewModel.faceInfoList.collectAsState()
    val isLoading by viewModel.isLoading.collectAsState()
    val faceAttributesInfo by viewModel.faceAttributesInfo.collectAsState()
    Scaffold(
        topBar = {
            TopAppBar(
                title = { Text("人脸检测功能") },
                navigationIcon = {
                    IconButton(onClick = { navController.navigateUp() }) {
                        Icon(
                            imageVector = Icons.Default.ArrowBack,
                            contentDescription = "Back"
                        )
                    }
                }
            )
        }
```

```
            ) { paddingValues ->
                Column(modifier = Modifier.padding(paddingValues).padding(6.dp)) {
                    // "选择图片"按钮
                    Button(onClick = { viewModel.pickImage() }) {
                        Text("选择图片")
                    }
                    // 图片预览
                    imageUri?.let { uri ->
                        ProductImagePreview(uri = uri)        .
                    }
                    Spacer(modifier = Modifier.height(20.dp))
                    // 加载指示器
                    if (isLoading) {
                        CircularProgressIndicator()
                    }
                    // 商品信息列表
                    FaceInfoListInfoCard(faceAttributesInfo)
                }
                // 记住 ActivityResultLauncher
                val imagePickerLauncher = rememberLauncherForActivityResult(
                    contract = ActivityResultContracts.GetContent()
                ) { uri: Uri? ->
                    viewModel.setImageUri(uri)
                }
                // 收集 ViewModel 中的事件并触发图片选择器
                LaunchedEffect(viewModel) {
                    viewModel.imagePickerEvent.collect {
                        imagePickerLauncher.launch("image/*")
                    }
                }
            }
        }
    }
@Composable
fun FaceImagePreview(uri: Uri) {
    val painter = rememberAsyncImagePainter(model = uri)
    Image(
        painter = painter,
        contentDescription = "Loaded image",
        modifier = Modifier
            .fillMaxWidth()
            .height(200.dp),
        contentScale = ContentScale.Crop
    )
}
@Composable
fun FaceInfoListInfoCard(faceAttributesInfo: FaceAttributesInfo?) {
    faceAttributesInfo?.let { info ->
        Card(
            modifier = Modifier
                .fillMaxWidth()
                .padding(8.dp),
            elevation = CardDefaults.cardElevation(defaultElevation = 4.dp)
        ) {
```

```
            Column(
                modifier = Modifier
                    .fillMaxWidth()
                    .padding(16.dp)
            ) {
                Row(
                    verticalAlignment = Alignment.CenterVertically
                ) {
                    Icon(
                        imageVector = Icons.Default.Face,
                        contentDescription = "Face Icon",
                        tint = MaterialTheme.colorScheme.primary
                    )
                    Spacer(modifier = Modifier.width(8.dp))
                    Text(
                        text = "人脸属性信息",
                        fontWeight = FontWeight.Bold,
                        fontSize = 20.sp
                    )
                }
                Divider(color = Color.Gray, thickness = 1.dp)
                AttributeItem("年龄", "${info.Age}")
                AttributeItem("颜值", "${info.Beauty}")
                AttributeItem("表情", "${info.Expression}")
                AttributeItem("眼睛是否睁开", if (info.EyeOpen) "是" else "否")
                AttributeItem("性别", if (info.Gender > 50) "男性" else "女性")
                AttributeItem("是否戴眼镜", if (info.Glass) "是" else "否")
                AttributeItem("是否戴帽子", if (info.Hat) "是" else "否")
                AttributeItem("是否戴口罩", if (info.Mask) "是" else "否")
                AttributeItem("头部姿态", "Pitch ${info.Pitch}, Roll ${info.Roll}, Yaw
${info.Yaw}")
            }
        }
    }
}
@Composable
fun AttributeItem(attributeName: String, attributeValue: String) {
    Row(
        modifier = Modifier
            .fillMaxWidth()
            .padding(vertical = 8.dp),
        horizontalArrangement = Arrangement.SpaceBetween
    ) {
        Text(
            text = attributeName,
            fontWeight = FontWeight.SemiBold
        )
        Text(
            text = attributeValue,
            fontWeight = FontWeight.Light
        )
    }
}
```

该代码是用于构建一个人脸检测功能的用户界面。

（1）DetectFaceScreen。

这是一个可组合函数，它创建了人脸检测功能的主屏幕。使用 Scaffold 组件来布局顶部应用栏和内容区域。顶部应用栏包含一个标题和一个返回按钮，使用 TopAppBar 组件实现。

（2）状态收集。

使用 collectAsState 方法从 viewModel 中收集 imageUri、faceInfoList、isLoading 和 faceAttributesInfo 状态。这些状态用于更新 UI，例如显示图片预览和人脸属性信息。

（3）图片选择。

提供了一个按钮，当用户单击时，会触发 viewModel. pickImage()方法，从而打开图片选择器。使用 rememberLauncherForActivityResult 来处理图片选择结果，并更新 viewModel 中的 imageUri 状态。

（4）图片预览。

FaceImagePreview 函数用于显示选定图片的预览。使用 rememberAsyncImagePainter 来异步加载图片，并使用 Image 组件显示。

（5）人脸属性信息卡片。

FaceInfoListInfoCard 函数用于显示识别出的人脸属性信息。为每个属性创建了一个 AttributeItem，显示属性名称和值。

6.3.7　人脸识别界面集成与预览

1. 集成到主界面

在主界面直接调用集成的代码，具体代码如下所示。

```kotlin
class MainActivity : ComponentActivity() {
    override fun onCreate(savedInstanceState: Bundle?) {
        super.onCreate(savedInstanceState)
        setContent {
            val navController = rememberNavController()
            val SECRET_ID = "你的密钥 SecretID"
            val SECRET_KEY = "你的密钥 SecretKey"
            val REGION = "ap-guangzhou"
            val faceService = FaceService(TencentCloudClient.initFaceClient(SECRET_ID,
SECRET_KEY, REGION))
            val faceRepository = FaceRepository(faceService)
            val viewModelFactory = DetectFaceModelFactory(self.application, faceRepository)
            val viewModel = ViewModelProvider(self, viewModelFactory)[DetectFaceViewModel::
class.java]
            NavHost(navController = navController, startDestination = "tag") {
                composable("tag") {
                    DetectFaceScreen(viewModel = viewModel, navController)
                }
            }
        }
    }
}
```

2. 预览效果

预览效果如图 6-5 所示。

图 6-5 人脸识别效果

实训一

实现一个图像标签识别功能,集成图像识别 API,并使用 Android Studio 创建一个应用,展示图像识别结果,包括标签和置信度。

实训二

使用 AI 开放平台的商品识别 API,创建一个商品识别模块,调用 API 获取商品信息,并将识别结果以图文形式显示在应用界面上。

第 7 章

语音识别及OCR应用开发

视频讲解

知识目标

（1）理解语音识别功能和 OCR 识别功能的作用。

（2）掌握图像识别中语音识别功能、多语言翻译功能、OCR 识别功能的开发流程。

技能目标

（1）能够实现语音识别功能的开发。

（2）能够实现多语言翻译功能的开发。

（3）能够实现 OCR 识别功能的开发。

思维导图

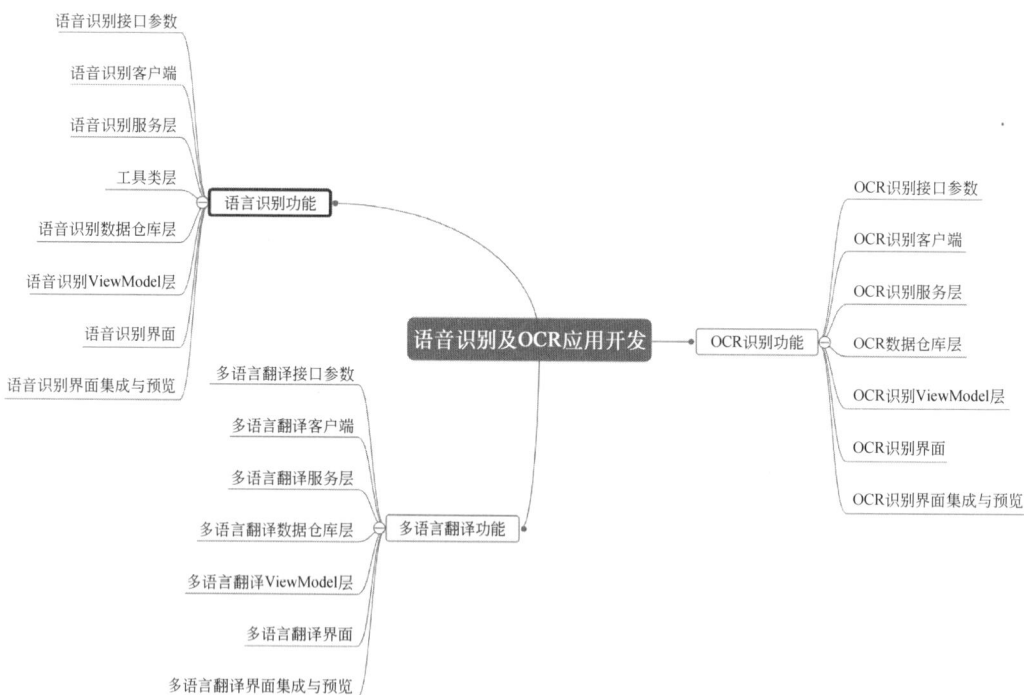

7.1 语音识别功能

语音识别接口为开发者提供语音转文字服务,它包含了开放实时语音识别、一句话识别和录音文件识别三种服务形式,本书采用目前使用广泛的一句话识别服务来演示如何使用该接口。一句话识别服务场景通常用于开发用户语音聊天应用使用。

7.1.1 语音识别接口参数

一句话识别服务接口用于对 60s 之内的短音频文件进行识别。支持中文普通话、英语、粤语、日语、越南语、马来语、印尼语、菲律宾语、泰语、葡萄牙语、土耳其语、阿拉伯语、印地语、法语、德语、上海话、四川话、武汉话、贵阳话、昆明话、西安话、郑州话、太原话、兰州话、银川话、西宁话、南京话、合肥话、南昌话、长沙话、苏州话、杭州话、济南话、天津话、石家庄话、黑龙江话、吉林话、辽宁话。

支持本地语音文件上传和语音 URL 上传两种请求方式,音频时长不能超过 60s,音频文件大小不能超过 3MB。音频格式支持 WAV、PCM、OGG-OPUS、SPEEX、SILK、MP3、M4A、AAC、AMR。具体输入参数和输出参数如表 7-1 和表 7-2 所示。

表 7-1　输入参数

参数名称	必选	类型	描　　　　述
Action	是	String	本接口取值：SentenceRecognition
Version	是	String	本接口取值：2019-06-14
Region	否	String	本接口不需要传递此参数
EngSerViceType	是	String	引擎模型类型。 电话场景： • 8k_zh：中文电话通用 • 8k_en：英文电话通用 非电话场景： • 16k_zh：中文通用 • 16k_zh-PY：中英粤 • 16k_zh_medical：中文医疗 • 16k_en：英语 • 16k_yue：粤语 • 16k_ja：日语 • 16k_ko：韩语 • 16k_fr：法语 • 16k_de：德语 • 16k_zh_dialect：多方言,支持 23 种方言(上海话、四川话、武汉话、贵阳话、昆明话、西安话、郑州话、太原话、兰州话、银川话、西宁话、南京话、合肥话、南昌话、长沙话、苏州话、杭州话、济南话、天津话、石家庄话、黑龙江话、吉林话、辽宁话) 示例值：16k_en

参数名称	必选	类型	描 述
SourceType	是	Integer	语音数据来源。0：语音 URL；1：语音数据（post body） 示例值：1
VoiceFormat	是	String	识别音频的音频格式，支持 WAV、PCM、OGG-OPUS、SPEEX、SILK、MP3、M4A、AAC、AMR 示例值：wav
Url	否	String	语音的 URL 地址，需要公网环境浏览器可下载。当 SourceType 值为 0 时须填写该字段，为 1 时不填。音频时长不能超过 60s，音频文件大小不能超过 3MB 示例值：详见前言二维码
Data	否	String	语音数据，当 SourceType 值为 1（本地语音数据上传）时必须填写，当 SourceType 值为 0（语音 URL 上传）可不写。要使用 Base64 编码。编码后的数据不可带有回车换行符。音频时长不能超过 60s，音频文件大小不能超过 3MB（Base64 后）
DataLen	否	Integer	数据长度，单位为字节。当 SourceType 值为 1（本地语音数据上传）时必须填写，当 SourceType 值为 0（语音 URL 上传）可不写（此数据长度为数据未进行 Base64 编码时的数据长度） 示例值：6400
WordInfo	否	Integer	是否显示词级别时间戳。0：不显示；1：显示，不包含标点时间戳，2：显示，包含标点时间戳。默认值为 0 示例值：0
FilterDirty	否	Integer	是否过滤脏词（目前支持中文普通话引擎）。0：不过滤脏词；1：过滤脏词；2：将脏词替换为 * 。默认值为 0 示例值：0

表 7-2　输出参数

参数名称	类 型	描 述
Result	String	识别结果。示例值：测试输出结果
AudioDuration	Integer	请求的音频时长，单位为 ms 示例值：1500
WordSize	Integer	词时间戳列表的长度 注意：此字段可能返回 null，表示取不到有效值 示例值：4
WordList	Array of SentenceWord	词时间戳列表 注意：此字段可能返回 null，表示取不到有效值 示例值：array
RequestId	String	唯一请求 ID，由服务端生成，每次请求都会返回

7.1.2　语音识别客户端

在 data/api 目录下的 TencentCloudClient.kt 文件中新增一个名为 initAsrClient 的方法，用于返回商品识别客户端，具体代码如下所示。

```
fun initAsrClient(secretId: String, secretKey: String, region: String): AsrClient {
    val cred = Credential(secretId, secretKey)
    val httpProf = HttpProfile().apply {
        endpoint = "asr.tencentcloudapi.com"
    }
    val clientProfile = ClientProfile().apply {
        httpProfile = httpProf
    }
    return AsrClient(cred, region, clientProfile)
}
```

这段代码定义了一个名为 initAsrClient 的函数，它用于初始化并返回一个 AsrClient
对象。AsrClient 是用于访问腾讯云自动语音识别（Automatic Speech Recognition，ASR）服
务的客户端。

7.1.3 语音识别服务层

在 data/api 目录下创建名为 SpeechService.kt 文件。具体代码如下所示。

```
package com.example.part2.data.api

import android.util.Base64
import android.util.Log
import com.example.part2.util.AudioFileRecorder
import com.example.part2.util.Utils
import com.tencentcloudapi.asr.v20190614.AsrClient
import com.tencentcloudapi.asr.v20190614.models.*
import com.tencentcloudapi.common.exception.TencentCloudSDKException
import kotlinx.coroutines.delay
import java.io.File

class SpeechService(private val asrClient: AsrClient) {
    private val _utils = Utils()
    suspend fun startListening(audioData: File?): String {
        if (audioData == null) {
            return "Error: Audio file is required but not provided."
        }
        return try {
            val _data = _utils.fileToBase64(audioData)
            val req = SentenceRecognitionRequest().apply {
                setEngSerViceType("16k_zh")
                setVoiceFormat("wav")
                setSourceType(1)
                setData(_data)
                setDataLen(audioData.length())
            }

            val resp = asrClient.SentenceRecognition(req)
            // Optionally, handle different response statuses
            "Task ID: ${resp.requestId}, Res: ${resp.result}"
        } catch (e: TencentCloudSDKException) {
            "Error processing the audio file: ${e.message}"
        }
    }
}
```

该代码定义了一个 SpeechService 类,用于通过语音识别服务将音频文件转换为文本。
该类提供一个接口,通过语音识别服务将音频文件转换为文本。具体实现如下。

（1）接收音频文件。

（2）将音频文件转换为 Base64 编码。

（3）创建并配置语音识别请求。

（4）调用 SentenceRecognition 语音识别 API。

（5）返回识别结果。

7.1.4　工具类层

在 util 目录下创建一个名为 Utils.kt 文件用于创建一个公用的音频文件转换成
Base64 编码的工具类,具体代码如下所示。

```kotlin
package com.example.part2.util

import android.util.Base64
import java.io.File
import java.io.FileInputStream
import java.io.IOException

class Utils {
    fun fileToBase64(file: File?): String {
        if (file == null) return ""

        return try {
            FileInputStream(file).use { inputStream ->
                val bytes = inputStream.readBytes() // 读取所有字节
                Base64.encodeToString(bytes, Base64.NO_WRAP)
            }
        } catch (e: IOException) {
            e.printStackTrace()
            ""
        }
    }
}
```

该代码定义了一个名为 Utils 的类,其中包含一个 fileToBase64 方法,该方法的作用是
将文件转换为 Base64 编码的字符串。

7.1.5　语音识别数据仓库层

在 data/repository 目录下创建一个 TencentCloudSpeechRepository.kt 文件,其中包含
了名为 getSpeechToText 的方法,用于调用语音识别服务层获取数据,具体代码如下所示。

```kotlin
package com.example.part2.data.repository

import com.example.part2.data.api.SpeechService
import java.io.File

class SpeechRecognitionRepository(private val speechToTextService: SpeechService) {
```

```
suspend fun getSpeechToText(audioData: File?): String {
    return speechToTextService.startListening(audioData)
}
}
```

这段代码定义了一个名为 SpeechRecognitionRepository 的类,它是一个数据仓库层的组件,用于提供应用程序中语音识别功能的数据访问接口。

SpeechRecognitionRepository 类封装了对 SpeechService 的调用逻辑,提供了一个简化的接口用于将语音转换为文本。具体功能如下。

(1)接收 SpeechService 实例,作为与 API 服务交互的代理。

(2)提供 getSpeechToText 方法,异步调用 SpeechService 的 startListening 方法,将音频文件转换为文本,并返回结果。

通过这种设计,SpeechRecognitionRepository 将数据获取逻辑与业务逻辑分离,简化了 ViewModel 或其他业务逻辑层的使用。

7.1.6　语音识别 ViewModel 层

在 ui/viewmodel 目录下创建一个 SpeechViewModel.kt 文件,用于负责 UI 层与数据层的数据转换、管理和更新。具体代码如下。

```
package com.example.part2.ui.viewmodel

// import 导入所需的依赖包

class SpeechViewModel(application: Application, private val speechRecognitionRepository:
SpeechRecognitionRepository): AndroidViewModel(application) {

    private val audioRecorderFile = AudioFileRecorder(application)

    private val _recognitionResult = MutableStateFlow("")
    val recognitionResult: StateFlow<String> = _recognitionResult

    fun startRecording() {
        audioRecorderFile.startRecording()
    }

    fun stopRecordingAndRecognize() {
        audioRecorderFile.stopRecording()
        viewModelScope.launch(Dispatchers.IO) {
            audioRecorderFile.getRecordedAudioFile()?.let { file ->
                val result = speechRecognitionRepository.getSpeechToText(file)
                withContext(Dispatchers.Main) {
                    _recognitionResult.value = result
                }
            }
        }
    }
    fun stopRecording() {
        audioRecorderFile.stopRecording()
```

```
        }
        fun getRecordedAudioFile(): File? {
            return audioRecorderFile.getRecordedAudioFile()
        }
        override fun onCleared() {
            super.onCleared()
            audioRecorderFile.stopRecording()
        }
    }
    class SpeechViewModelFactory(
        private val application: Application,
        private val speechRecognitionRepository: SpeechRecognitionRepository
    ) : ViewModelProvider.Factory {
        override fun < T : ViewModel > create(modelClass: Class < T >): T {
            if (modelClass.isAssignableFrom(SpeechViewModel::class.java)) {
                @Suppress("UNCHECKED_CAST")
                return SpeechViewModel(application, speechRecognitionRepository) as T
            }
            throw IllegalArgumentException("Unknown ViewModel class")
        }
    }
```

该代码定义了一个 SpeechViewModel 类和一个 SpeechViewModelFactory 类，用于管理语音录制和语音识别功能的业务逻辑和状态。

1. SpeechViewModel 类

SpeechViewModel 类继承自 AndroidViewModel，主要负责处理语音录制和语音识别的逻辑，并管理与语音识别相关的 UI 状态。具体功能有启动和停止语音录制；将录制的音频文件发送到语音识别服务进行识别；管理语音识别结果的状态。

主要成员变量和方法如下。

（1）成员变量。

① audioRecorderFile。AudioFileRecorder 实例，用于处理音频录制。

② _recognitionResult 和 recognitionResult。MutableStateFlow 和 StateFlow 用于存储和观察语音识别结果。

（2）主要方法。

① startRecording()。启动语音录制。

② stopRecordingAndRecognize（）。停止录制并进行语音识别，将结果存储在 _recognitionResult 中。

③ stopRecording()。停止语音录制。

④ getRecordedAudioFile()。获取录制的音频文件。

⑤ onCleared()。ViewModel 清理时停止录音。

2. SpeechViewModelFactory 类

SpeechViewModelFactory 是一个自定义的 ViewModelProvider.Factory，用于创建 SpeechViewModel 实例，并传递必要的依赖项（如 Application 和 SpeechRecognitionRepository）。

7.1.7 语音识别界面

在 ui/screen 目录下创建一个 SpeechScreen.kt 的文件用于向用户展示语音识别功能界面,具体代码如下所示。

```kotlin
package com.example.part2.ui.screen

// import 导入所需的依赖包

@OptIn(ExperimentalComposeUiApi::class)
@Composable
fun SpeechScreen(speechViewModel: SpeechViewModel) {
    var text by remember { mutableStateOf("") }
    var isRecording by remember { mutableStateOf(false) }
    val recognitionResult by speechViewModel.recognitionResult.collectAsState()
    val audioPlayer = remember { mutableStateOf<ExoPlayer?>(null) }
    DisposableEffect(Unit) {
        onDispose {
            audioPlayer.value?.release()
        }
    }
    Column(modifier = Modifier.padding(16.dp), horizontalAlignment = Alignment.CenterHorizontally)
{
        Button(
            onClick = { /* This is required but not used */ },
            modifier = Modifier
                .fillMaxWidth()
                .background(if (isRecording) Color.Red else Color.Gray)
                .pointerInteropFilter {
                    when {
                        it.action == android.view.MotionEvent.ACTION_DOWN -> {
                            // Start recording
                            speechViewModel.startRecording()
                            isRecording = true
                            true        // Consumes the touch event
                        }
                        it.action == android.view.MotionEvent.ACTION_UP -> {
                            // Stop recording
                            speechViewModel.stopRecordingAndRecognize()
                            isRecording = false
                            true        // Consumes the touch event
                        }
                        else -> false // Do not consume the event
                    }
                }
        ) {
            Text(if (isRecording) "松开 结束录音" else "按住 说话", color = Color.White)
        }
        Spacer(modifier = Modifier.height(16.dp))
        Text("识别结果: $recognitionResult", style = MaterialTheme.typography.bodyLarge)
        val audioFile = speechViewModel.getRecordedAudioFile()
        if (audioFile != null) {
```

```
            Icon(
                imageVector = Icons.Filled.PlayArrow,
                contentDescription = "Play",
                modifier = Modifier
                    .size(48.dp)
                    .clickable {
                        try {
                            audioPlayer.value?.release()
                            audioPlayer.value = ExoPlayer.Builder(speechViewModel.
getApplication()).build().also { player ->
                                val mediaItem = MediaItem.fromUri(Uri.fromFile(audioFile))
                                player.setMediaItem(mediaItem)
                                player.prepare()
                                player.play()
                            }
                        } catch (e: Exception) {
                            Log.d("Liang_player", e.toString())
                        }
                    }
            )
        }
    }
}
```

该代码定义了一个 SpeechScreen 组合函数，用于展示语音录制和语音识别功能的用户界面。SpeechScreen 组合函数主要实现以下 3 个功能。

（1）提供一个按钮，用于启动和停止语音录制。

（2）显示语音识别结果。

（3）提供音频播放功能，允许用户播放录制的音频文件。

具体代码实现功能如下所示。

1）状态管理

（1）使用 remember 和 mutableStateOf 来管理文本内容 text 和录音状态 isRecording。

（2）recognitionResult 通过 collectAsState 从 speechViewModel 中收集语音识别结果。

2）音频播放器

（1）audioPlayer 是一个可空的 ExoPlayer 实例，用于播放录制的音频。

（2）DisposableEffect 用于在组件被移除时释放播放器资源。

3）录音按钮

（1）用于开始和停止录音。按钮的背景颜色根据 isRecording 状态变化。

（2）使用 pointerInteropFilter 来处理触摸事件，并开始和停止录音。

4）显示识别结果

一个文本组件用于显示语音识别的结果。

5）播放录制的音频

（1）如果有录制的音频文件，显示一个播放图标。

（2）单击图标时，使用 ExoPlayer 播放录制的音频。

7.1.8 语音识别界面集成与预览

1. 集成到主界面

在主界面直接调用集成的代码，具体代码如下所示。

```
class MainActivity : ComponentActivity() {
    override fun onCreate(savedInstanceState: Bundle?) {
        super.onCreate(savedInstanceState)
        setContent {
            val navController = rememberNavController()
            val SECRET_ID = "你的密钥 SecretID"
            val SECRET_KEY = "你的密钥 SecretKey"
            val REGION = "ap-guangzhou"
            val speechService = SpeechService(TencentCloudClient.initAsrClient(SECRET_ID,
SECRET_KEY, REGION))
            val speechRepository = SpeechRecognitionRepository(speechService)
            val viewModelFactory = SpeechViewModelFactory(this.application, speechRepository)
            val viewModel = ViewModelProvider(this, viewModelFactory)[SpeechViewModel::
class.java]
            NavHost(navController = navController, startDestination = "tag") {
                composable("tag") {
                    SpeechScreen(viewModel = viewModel, navController)
                }
            }
        }
    }
}
```

2. 预览效果

该界面提供了用户可以通过按住按钮录音，松开后自动进行语音识别，并展示识别结果。如果有录音文件，用户还可以播放录音。预览效果如图7-1所示。

图 7-1　语音识别预览

7.2　多语言翻译功能

本书使用了腾讯云提供的文本翻译接口（TextTranslate），它支持中文、英文、日语、韩语、德语、法语、西班牙语、意大利语、土耳其语、俄语、葡萄牙语、越南语、印尼语、马来语、泰语等 17 个语种的翻译能力。

7.2.1　多语言翻译接口参数

表 7-3 和表 7-4 提供了多语言文本翻译接口输入与输出参数。

表 7-3　输入参数

参数名称	必选	类型	描　　述
Action	是	String	本接口取值：TextTranslate
Version	是	String	本接口取值：2018-03-21
Region	是	String	地域列表。本书以 ap-guangzhou 为例
SourceText	是	String	待翻译的文本，文本统一使用 UTF-8 格式编码，非 UTF-8 格式编码字符会翻译失败，请传入有效文本，HTML 标记等非常规翻译文本可能会翻译失败。单次请求的文本长度需要低于 6000 字符 示例值：hello
Source	是	String	源语言，支持： auto：自动识别（识别为一种语言） zh：简体中文 zh-TW：繁体中文 en：英语 ja：日语 ko：韩语 fr：法语 es：西班牙语 it：意大利语 de：德语 tr：土耳其语 ru：俄语 pt：葡萄牙语 vi：越南语 id：印尼语 th：泰语 ms：马来语 ar：阿拉伯语 hi：印地语 示例值：en

参数名称	必选	类型	描　述
Target	是	String	目标语言,各源语言的目标语言支持列表如下 zh(简体中文):zh-TW(繁体中文)、en(英语)、ja(日语)、ko(韩语)、fr(法语)、es(西班牙语)、it(意大利语)、de(德语)、tr(土耳其语)、ru(俄语)、pt(葡萄牙语)、vi(越南语)、id(印尼语)、th(泰语)、ms(马来语) zh-TW(繁体中文):zh(简体中文)、en(英语)、ja(日语)、ko(韩语)、fr(法语)、es(西班牙语)、it(意大利语)、de(德语)、tr(土耳其语)、ru(俄语)、pt(葡萄牙语)、vi(越南语)、id(印尼语)、th(泰语)、ms(马来语) en(英语):zh(中文)、zh-TW(繁体中文)、ja(日语)、ko(韩语)、fr(法语)、es(西班牙语)、it(意大利语)、de(德语)、tr(土耳其语)、ru(俄语)、pt(葡萄牙语)、vi(越南语)、id(印尼语)、th(泰语)、ms(马来语)、ar(阿拉伯语)、hi(印地语) ja(日语):zh(中文)、zh-TW(繁体中文)、en(英语)、ko(韩语) ko(韩语):zh(中文)、zh-TW(繁体中文)、en(英语)、ja(日语) fr(法语):zh(中文)、zh-TW(繁体中文)、en(英语)、es(西班牙语)、it(意大利语)、de(德语)、tr(土耳其语)、ru(俄语)、pt(葡萄牙语) es(西班牙语):zh(中文)、zh-TW(繁体中文)、en(英语)、fr(法语)、it(意大利语)、de(德语)、tr(土耳其语)、ru(俄语)、pt(葡萄牙语) it(意大利语):zh(中文)、zh-TW(繁体中文)、en(英语)、fr(法语)、es(西班牙语)、de(德语)、tr(土耳其语)、ru(俄语)、pt(葡萄牙语) de(德语):zh(中文)、zh-TW(繁体中文)、en(英语)、fr(法语)、es(西班牙语)、it(意大利语)、tr(土耳其语)、ru(俄语)、pt(葡萄牙语) tr(土耳其语):zh(中文)、zh-TW(繁体中文)、en(英语)、fr(法语)、es(西班牙语)、it(意大利语)、de(德语)、ru(俄语)、pt(葡萄牙语) ru(俄语):zh(中文)、zh-TW(繁体中文)、en(英语)、fr(法语)、es(西班牙语)、it(意大利语)、de(德语)、tr(土耳其语)、pt(葡萄牙语) pt(葡萄牙语):zh(中文)、zh-TW(繁体中文)、en(英语)、fr(法语)、es(西班牙语)、it(意人利语)、de(德语)、tr(土耳其语)、ru(俄语) vi(越南语):zh(中文)、zh-TW(繁体中文)、en(英语) id(印尼语):zh(中文)、zh-TW(繁体中文)、en(英语) th(泰语):zh(中文)、zh-TW(繁体中文)、en(英语) ms(马来语):zh(中文)、zh-TW(繁体中文)、en(英语) ar(阿拉伯语):en(英语) hi(印地语):en(英语) 示例值:zh
ProjectId	是	Integer	项目 ID,可以根据控制台-账号中心-项目管理中的配置填写,如无配置请填写默认项目 ID:0 示例值:0
UntranslatedText	否	String	用来标记不希望被翻译的文本内容,如句子中的特殊符号、人名、地名等;每次请求只支持配置一个不被翻译的单词;仅支持配置人名、地名等名词,不要配置动词或短语,否则会影响翻译结果 示例值:John

表 7-4　输出参数

参数名称	类　型	描　述
TargetText	String	翻译后的文本 示例值：你好
Source	String	源语言，详见入参 Source 示例值：en
Target	Integer	目标语言，详见入参 Target 示例值：zh
RequestId	String	唯一请求 ID，由服务端生成，每次请求都会返回

7.2.2　多语言翻译客户端

在 data/api 目录下的 TencentCloudClient.kt 文件中新增一个名为 initTmtClient 的方法，用于返回商品识别客户端，具体代码如下所示。

```kotlin
fun initTmtClient(secretId: String, secretKey: String, region: String): TmtClient {
    val cred = Credential(secretId, secretKey)
    val httpProf = HttpProfile().apply {
        endpoint = "tmt.tencentcloudapi.com"
    }
    val clientProfile = ClientProfile().apply {
        httpProfile = httpProf
    }
    return TmtClient(cred, region, clientProfile)
}
```

上述代码定义一个名为 initTmtClient 的函数，它用于初始化并返回一个 TmtClient 对象。TmtClient 是用于访问腾讯云机器翻译（Tencent Machine Translation，TMT）服务的客户端。

7.2.3　多语言翻译服务层

在 data/api 目录下创建名为 TmtSerivce.kt 的文件。具体代码如下所示。

```kotlin
package com.example.part2.data.api

import com.tencentcloudapi.common.exception.TencentCloudSDKException
import com.tencentcloudapi.tmt.v20180321.TmtClient
import com.tencentcloudapi.tmt.v20180321.models.TextTranslateRequest
import com.tencentcloudapi.tmt.v20180321.models.TextTranslateResponse

class TmtSerivce(private val tmtClient: TmtClient) {
    fun translateText(sourceText: String, sourceLanguage: String, targetLanguage: String):
String {
        try {
            val request = TextTranslateRequest().apply {
                setSourceText(sourceText)
                setSource(sourceLanguage)
                setTarget(targetLanguage)
```

```
                setProjectId(1)
            }
            val response: TextTranslateResponse = tmtClient.TextTranslate(request)
            return response.targetText
        }catch (e: TencentCloudSDKException){
            return e.message.toString()
        }
    }
}
```

该代码定义了一个 TmtService 类,用于通过机器翻译服务将文本从一种语言翻译为另一种语言。提供一个接口,通过腾讯云的机器翻译服务将文本从一种语言翻译为另一种语言。具体实现包括。

（1）接收源文本、源语言和目标语言。

（2）创建并配置文本翻译请求对象。

（3）调用腾讯云的翻译 API。

（4）返回翻译结果或错误信息。

代码逻辑实现详解如下。

（1）接收 TmtClient 实例。TmtService 类通过构造函数接收一个 TmtClient 实例,用于调用具体的机器翻译服务。

（2）定义 translateText 方法。该方法接收源文本（sourceText）、源语言（sourceLanguage）和目标语言（targetLanguage）作为参数,并返回翻译后的文本。

7.2.4　多语言翻译数据仓库层

在 data/repository 目录下创建一个 TencentCloudTextTranslateRepository. kt 文件,其中包含了名为 translateText 的方法,用于调用多语言翻译服务层获取数据,具体代码如下所示。

```
package com.example.part2.data.repository

import com.example.part2.data.api.TmtSerivce

class TencentCloudTextTranslateRepository(private val tmtService: TmtSerivce) {
    suspend fun translateText(sourceText: String, sourceLanguage: String, targetLanguage:
String): String {
        return tmtService.translateText(sourceText, sourceLanguage, targetLanguage)
    }
}
```

以上代码定义了一个名为 TencentCloudTextTranslateRepository 的类,它是一个数据仓库层的组件,用于提供应用程序中文本翻译功能的数据访问接口。

1. 依赖注入

TencentCloudTextTranslateRepository 类通过构造函数依赖注入了一个 TmtService 对象,这样可以将数据 API 调用的逻辑从数据仓库中分离出来。

2. 文本翻译方法

类中定义了一个名为 translateText 的挂起函数（suspend function），它接收源文本、源语言和目标语言作为参数。这个函数调用 TmtService 对象的 translateText 方法，并将文本和语言参数传递给它。

3. 返回结果

translateText 方法会将文本从源语言翻译成目标语言，并返回翻译后的文本。

7.2.5　多语言翻译 ViewModel 层

在 ui/viewmodel 目录下创建一个 TextTranslateViewModel.kt 文件，用于负责 UI 层与数据层的数据转换、管理和更新。具体代码如下所示。

```kotlin
package com.example.part2.ui.viewmodel

import android.app.Application
import androidx.compose.runtime.mutableStateOf
import androidx.lifecycle.*
import com.example.part2.data.repository.TencentCloudTextTranslateRepository
import kotlinx.coroutines.Dispatchers
import kotlinx.coroutines.launch

class TextTranslateViewModel(application: Application, private val translateRepository:
TencentCloudTextTranslateRepository) : ViewModel() {
    var translatedText = mutableStateOf("")
        private set
    fun translateText(sourceText: String, sourceLanguage: String, targetLanguage: String) {
        viewModelScope.launch(Dispatchers.IO) {
            try {
                val result = translateRepository.translateText(sourceText, sourceLanguage,
targetLanguage)
                translatedText.value = result
            } catch (e: Exception) {
                translatedText.value = "Error: ${e.message}"
            }
        }
    }
}
class TextTranslateViewModelFactory(
    private val application: Application,
    private val translateRepository: TencentCloudTextTranslateRepository
) : ViewModelProvider.Factory {
    override fun <T : ViewModel> create(modelClass: Class<T>): T {
        if (modelClass.isAssignableFrom(TextTranslateViewModel::class.java)) {
            @Suppress("UNCHECKED_CAST")
            return TextTranslateViewModel(application, translateRepository) as T
        }
        throw IllegalArgumentException("Unknown ViewModel class")
    }
}
```

该代码定义了 TextTranslateViewModel 和 TextTranslateViewModelFactory 类，用于管理文本翻译功能的业务逻辑和状态。

1. TextTranslateViewModel 类

TextTranslateViewModel 类继承自 ViewModel，主要负责处理文本翻译逻辑，并管理与文本翻译相关的 UI 状态。具体功能如下。

（1）调用翻译 API 将文本从一种语言翻译为另一种语言。

（2）管理翻译结果的状态。

主要成员变量和方法如下。

（1）成员变量。

translatedText。mutableStateOf 用于存储和观察翻译结果。

（2）主要方法。

translateText。接收源文本、源语言和目标语言，调用翻译 API，并更新翻译结果状态。

在 translateText 方法中，启动了一个协程，在 Dispatchers.IO 线程上进行网络请求。调用 translateRepository.translateText 方法将文本从一种语言翻译为另一种语言，并将结果存储在 translatedText 状态中。如果发生异常，捕获异常并将错误信息存储在 translatedText 状态中。

2. TextTranslateViewModelFactory 类

TextTranslateViewModelFactory 是一个自定义的 ViewModelProvider.Factory，用于创建 TextTranslateViewModel 实例，并传递必要的依赖项（如 Application 和 TencentCloudTextTranslateRepository）。

7.2.6　多语言翻译界面

在 ui/screen 目录下创建一个 TextTranslateScreen.kt 文件，用于向用户展示人脸识别功能界面，具体代码如下所示。

```
package com.example.part2.ui.screen

// import 导入所需的依赖包

@OptIn(ExperimentalMaterial3Api::class)
@Composable
fun TextTranslateScreen ( textTranslateViewModel: TextTranslateViewModel, navController:
NavController) {
    var sourceText by remember { mutableStateOf("") }
    var sourceLanguage by remember { mutableStateOf("en") }
    var targetLanguage by remember { mutableStateOf("zh") }
    Scaffold(
        topBar = {
            TopAppBar(
                title = { Text("多语言翻译") },
                navigationIcon = {
                    IconButton(onClick = { navController.navigateUp() }) {
                        Icon(
                            imageVector = Icons.Default.ArrowBack,
                            contentDescription = "Back"
                        )
                    }
                }
```

```
            )
        }
    ) { paddingValues ->
        val translatedText by textTranslateViewModel.translatedText
        Column(modifier = Modifier.padding(paddingValues).padding(16.dp)) {
            OutlinedTextField(
                value = sourceText,
                onValueChange = { sourceText = it },
                label = { Text("Source Text") }
            )
            Spacer(modifier = Modifier.height(8.dp))
            Row {
                OutlinedTextField(
                    value = sourceLanguage,
                    onValueChange = { sourceLanguage = it },
                    label = { Text("Source Language") },
                    modifier = Modifier.weight(1f)
                )
                Spacer(modifier = Modifier.width(8.dp))
                OutlinedTextField(
                    value = targetLanguage,
                    onValueChange = { targetLanguage = it },
                    label = { Text("Target Language") },
                    modifier = Modifier.weight(1f)
                )
            }
            Spacer(modifier = Modifier.height(8.dp))
            Button(onClick = {
                textTranslateViewModel.translateText(sourceText, sourceLanguage, targetLanguage)
            }) {
                Text("Translate")
            }
            Spacer(modifier = Modifier.height(16.dp))
            Text("Translated Text:")
            Text(translatedText)
        }
    }
}
```

该代码定义了一个 TextTranslateScreen 组合函数，用于展示文本翻译功能的用户界面。主要实现以下 3 个功能。

（1）提供用户输入源文本、源语言和目标语言。

（2）调用翻译功能进行文本翻译。

（3）显示翻译结果。

主要部分详细解释如下。

（1）状态管理。使用 remember 创建 sourceText、sourceLanguage 和 targetLanguage 状态，用于存储用户输入的源文本、源语言和目标语言。然后使用 collectAsState 从 textTranslateViewModel 中收集 translatedText 状态。

（2）布局。使用 Scaffold 组件创建一个带有顶部应用栏的布局。TopAppBar 显示标题"多语言翻译"和返回按钮。Column 布局容器用于垂直排列子组件。

（3）输入字段。OutlinedTextField 组件用于输入源文本、源语言和目标语言。sourceText 用于存储和显示用户输入的源文本。sourceLanguage 和 targetLanguage 分别用于存储和显示用户输入的源语言和目标语言代码。

（4）翻译按钮。使用 Button 组件创建一个按钮，单击按钮时调用 textTranslateViewModel

.translateText 方法进行翻译。

（5）翻译结果显示。使用 Text 组件显示翻译结果。

7.2.7 多语言翻译界面集成与预览

1. 集成到主界面

在主界面直接调用集成的代码，具体代码如下所示。

```
class MainActivity : ComponentActivity() {
    override fun onCreate(savedInstanceState: Bundle?) {
        super.onCreate(savedInstanceState)
        setContent {
            val navController = rememberNavController()
            val SECRET_ID = "你的密钥 SecretID"
            val SECRET_KEY = "你的密钥 SecretKey"
            val REGION = "ap-guangzhou"
            val tmtService = TmtSerivce(TencentCloudClient.initTmtClient(SECRET_ID, SECRET
_KEY, REGION))
            val tmtRepository = TencentCloudTextTranslateRepository(tmtService)
            val viewModelFactory = TextTranslateViewModelFactory(this.application, tmtRepository)
            val viewModel = ViewModelProvider(this, viewModelFactory)[TextTranslateViewModel::
class.java]
            NavHost(navController = navController, startDestination = "tag") {
                composable("tag") {
                    TextTranslateScreen(viewModel = viewModel, navController)
                }
            }
        }
    }
}
```

2. 预览效果

预览效果如图 7-2 所示。

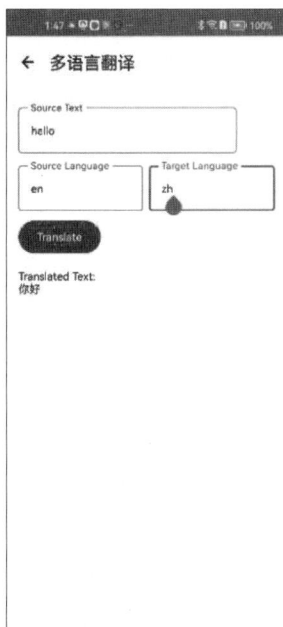

图 7-2　多语言翻译

7.3 OCR 识别功能

OCR 功能是可以将照片中的文字识别提取出来，这个在日常使用中很常见，腾讯云 OCR 包含了通用文字识别以及各种卡类证件识别，本书将以广告文字识别接口（AdvertiseOCR）来开发一个具有提取照片文字功能的项目。

7.3.1 OCR 识别接口参数

本接口支持广告商品图片内文字的检测和识别，它的优势在于能针对广告商品图片普遍存在较多繁体字、艺术字的特点，进行了识别能力的增强，支持中英文、横排、竖排以及倾斜场景文字识别。文字识别的召回率和准确率能达到 96%以上。具体输入参数和输出参数如表 7-5 和表 7-6 所示。

表 7-5 输入参数

参数名称	必选	类型	描　　述
Action	是	String	本接口取值：AdvertiseOCR
Version	是	String	本接口取值：2018-11-19
Region	是	String	地域列表（ap-beijing、ap-guangzhou、ap-shanghai）我们以 ap-guangzhou 为例
ImageBase64	否	String	图片的 Base64 值。 要求图片经 Base64 编码后不超过 7MB，分辨率建议 600×800 像素以上，支持 PNG、JPG、JPEG、BMP 格式。 图片的 ImageUrl、ImageBase64 必须提供一个，如果都提供，只使用 ImageUrl
ImageUrl	否	String	图片的 Url 地址。 要求图片经 Base64 编码后不超过 7MB，分辨率建议 600×800 像素以上，支持 PNG、JPG、JPEG、BMP 格式。 图片存储于腾讯云的 Url 可保障更高的下载速度和稳定性，建议图片存储于腾讯云。非腾讯云存储的 Url 速度和稳定性可能受一定影响

表 7-6 输出参数

参数名称	类　　型	描　　述
TextDetections	Array of AdvertiseTextDetection	检测到的文本信息，包括文本行内容、置信度、文本行坐标以及文本行旋转纠正后的坐标，具体内容请单击左侧链接
RequestId	String	唯一请求 ID，由服务端生成，每次请求都会返回

7.3.2 OCR 识别客户端

在 data/api 目录下的 TencentCloudClient.kt 文件中新增一个名为 initOcrClient 的方法，用于返回 OCR 客户端，具体代码如下所示。

```kotlin
fun initOcrClient(secretId: String, secretKey: String, region: String): OcrClient {
    val cred = Credential(secretId, secretKey)
    val httpProf = HttpProfile().apply {
        endpoint = "ocr.tencentcloudapi.com"
    }
    val clientProfile = ClientProfile().apply {
        httpProfile = httpProf
    }
    return OcrClient(cred, region, clientProfile)
}
```

这段代码定义了一个名为 initOcrClient() 的函数，它用于初始化并返回一个 OcrClient 对象。OcrClient 是用于访问 OCR 服务的客户端。

7.3.3　OCR 识别服务层

在 data/api 目录下创建名为 OcrService.kt 文件。具体代码如下所示。

```kotlin
package com.example.part2.data.api

import com.google.gson.Gson
import com.tencentcloudapi.common.exception.TencentCloudSDKException
import com.tencentcloudapi.ocr.v20181119.OcrClient
import com.tencentcloudapi.ocr.v20181119.models.AdvertiseOCRRequest

class OcrService(private val ocrClient: OcrClient) {
    @Throws(TencentCloudSDKException::class)
    fun recognizeAdvertiseCard(imageBase64: String): String {
        val request = AdvertiseOCRRequest().apply {
            this.imageBase64 = imageBase64
        }
        val res = ocrClient.AdvertiseOCR(request)
        return Gson().toJson(res.textDetections)
    }
}
```

该代码定义了一个名为 OcrService 的类，它提供了一个方法 recognizeAdvertiseCard，用于调用腾讯云的广告卡片识别服务。该服务实现了广告牌图像的文字识别功能。

（1）接收 Base64 编码的图像数据。

（2）创建并配置 AdvertiseOCRRequest 请求对象。

（3）调用 OcrClient 的 AdvertiseOCR 方法进行文字识别。

（4）返回 JSON 格式的识别结果。

7.3.4　OCR 数据仓库层

在 data/repository 目录下创建一个 TencentCloudOcrRepository.kt 文件，其中包含了名为 recognizeAdvertisCard 的方法用于调用 OCR 识别服务层获取数据，具体代码如下所示。

```
package com.example.part2.data.repository

import com.example.part2.data.api.OcrService

class TencentCloudOcrRepository(private val ocrServiceservice: OcrService) {
    suspend fun recognizeAdvertisCard(imageBase64: String): String {
        return ocrServiceservice.recognizeAdvertiseCard(imageBase64)
    }
}
```

该代码定义了一个 TencentCloudOcrRepository 类，用于封装调用 OcrService 的逻辑，并提供一个接口用于通过 OCR 服务识别广告牌图像中的文字。将 Base64 编码的广告牌图像数据转换为文字信息。具体功能如下。

（1）接收 OcrService 实例，作为与 API 服务交互的代理。

（2）提供 recognizeAdvertisCard 方法，异步调用 OcrService 的 recognizeAdvertiseCard 方法，将 Base64 编码的图像数据转换为文字信息，并返回结果。

7.3.5　OCR 识别 ViewModel 层

在 ui/viewmodel 目录下创建一个 OcrViewModel.kt 文件，用于负责 UI 层与数据层的数据转换、管理和更新。具体代码如下所示。

```
package com.example.part2.ui.viewmodel

import android.app.Application
import androidx.lifecycle.AndroidViewModel
import androidx.lifecycle.ViewModel
import androidx.lifecycle.ViewModelProvider
import androidx.lifecycle.viewModelScope
import com.example.part2.data.model.DetectedTextInfo
import com.example.part2.data.repository.TencentCloudOcrRepository
import kotlinx.coroutines.Dispatchers
import kotlinx.coroutines.flow.MutableStateFlow
import kotlinx.coroutines.flow.StateFlow
import kotlinx.coroutines.launch
import org.json.JSONArray
import org.json.JSONObject

class OcrViewModel(application: Application,
                   private val ocrRepository: TencentCloudOcrRepository
) : AndroidViewModel(application) {

    private val _bankCardInfo = MutableStateFlow<List<DetectedTextInfo>>(emptyList())
    val bankCardInfo: StateFlow<List<DetectedTextInfo>> get() = _bankCardInfo
    private val _isLoading = MutableStateFlow(false)
    val isLoading: StateFlow<Boolean> get() = _isLoading
    fun recognizeBankCard(imageBase64: String) {
        viewModelScope.launch(Dispatchers.IO) {
            try {
                _isLoading.value = true
```

```
                val response = ocrRepository.recognizeAdvertisCard(imageBase64)
                val detectedTextInfos = mutableListOf<DetectedTextInfo>()
                val jsonArray = JSONArray(response)
                for (i in 0 until jsonArray.length()) {
                    val jsonObject: JSONObject = jsonArray.getJSONObject(i)
                    val detectedText = jsonObject.getString("DetectedText")
                    val confidence = jsonObject.getLong("Confidence")
                    detectedTextInfos.add(DetectedTextInfo(detectedText, confidence))
                }
                _bankCardInfo.value = detectedTextInfos
            } catch (e: Exception) {
                _bankCardInfo.value = listOf(DetectedTextInfo("Error: ${e.message}", 0))
            } finally {
                _isLoading.value = false
            }
        }
    }
}
class OcrViewModelFactory(
    private val application: Application,
    private val ocrRepository: TencentCloudOcrRepository
) : ViewModelProvider.Factory {
    override fun <T : ViewModel> create(modelClass: Class<T>): T {
        if (modelClass.isAssignableFrom(OcrViewModel::class.java)) {
            @Suppress("UNCHECKED_CAST")
            return OcrViewModel(application, ocrRepository) as T
        }
        throw IllegalArgumentException("Unknown ViewModel class")
    }
}
```

该代码定义了一个 OcrViewModel 类和一个 OcrViewModelFactory 类,用于管理 OCR 功能的业务逻辑和状态。

1. OcrViewModel 类

OcrViewModel 类继承自 AndroidViewModel,主要负责处理 OCR 识别的逻辑,并管理与 OCR 识别相关的 UI 状态。具体功能如下。

(1) 调用 OCR 服务将 Base64 编码的图像数据转换为文字信息。

(2) 管理 OCR 识别结果的状态。

(3) 管理加载状态。

主要成员变量和方法如下。

(1) 成员变量。

① _bankCardInfo 和 bankCardInfo。MutableStateFlow 和 StateFlow,用于存储和观察 OCR 识别的结果。

② _isLoading 和 isLoadingMu。tableStateFlow 和 StateFlow,用于存储和观察加载状态。

(2) 主要方法。

recognizeBankCard 用于接收 Base64 编码的图像数据,调用 OCR 服务,并更新识别结果和加载状态。

2. OcrViewModelFactory 类

OcrViewModelFactory 是一个自定义的 ViewModelProvider. Factory，用于创建 OcrViewModel 实例，并传递必要的依赖项（如 Application 和 TencentCloudOcrRepository）。

7.3.6 OCR 识别界面

在 ui/screen 目录下创建一个 OcrScreen. kt 文件用于向用户展示 OCR 识别功能界面，具体代码如下所示。

```kotlin
package com.example.part2.ui.screen

// import 导入所需的依赖包

@OptIn(ExperimentalMaterial3Api::class)
@Composable
fun OcrScreen(ocrViewModel: OcrViewModel, navController: NavController) {
    var imageUri by remember { mutableStateOf < Uri?>(null) }
    var imageBase64 by remember { mutableStateOf("") }

    Scaffold(
        topBar = {
            TopAppBar(
                title = { Text("OCR 识别") },
                navigationIcon = {
                    IconButton(onClick = { navController.navigateUp() }) {
                        Icon(
                            imageVector = Icons.Default.ArrowBack,
                            contentDescription = "Back"
                        )
                    }
                }
            )
        }
    ) { paddingValues ->
        val context = LocalContext.current
        val cameraProviderFuture = remember { ProcessCameraProvider.getInstance(context) }

        val launcher = rememberLauncherForActivityResult(ActivityResultContracts.GetContent()) {
uri: Uri? ->
            imageUri = uri
            imageUri?.let {
                context.contentResolver.openInputStream(it)?.use { inputStream ->
                    val bytes = inputStream.readBytes()
                    imageBase64 = Base64.encodeToString(bytes, Base64.DEFAULT)
                }
            }
        }

        var isCameraEnabled by remember { mutableStateOf(false) }
        val cameraLauncher = rememberLauncherForActivityResult ( ActivityResultContracts
.RequestPermission()) { isGranted ->
```

```
    if (isGranted) {
        isCameraEnabled = true
    }
}

Column(
    modifier = Modifier
        .padding(paddingValues)
        .padding(16.dp)
        .fillMaxSize()
) {
    Button(
        onClick = { launcher.launch("image/*") },
        modifier = Modifier.fillMaxWidth()
    ) {
        Text("从相册选择图片")
    }
    Spacer(modifier = Modifier.height(8.dp))
    Button(
        onClick = { cameraLauncher.launch(Manifest.permission.CAMERA) },
        modifier = Modifier.fillMaxWidth()
    ) {
        Text("打开摄像头")
    }
    Spacer(modifier = Modifier.height(16.dp))

    if (isCameraEnabled) {
        CameraPreviewView(
            context = context,
            executor = ContextCompat.getMainExecutor(context),
            onImageCaptured = { image, _ ->
                imageBase64 = convertImageProxyToBase64(image)
                isCameraEnabled = false // Hide camera preview after capturing the image
                ocrViewModel.recognizeBankCard(imageBase64)
            }
        )
    } else {
        imageUri?.let {
            Image(
                painter = rememberImagePainter(it),
                contentDescription = null,
                modifier = Modifier
                    .size(200.dp)
                    .align(Alignment.CenterHorizontally)
            )
        }
        Spacer(modifier = Modifier.height(8.dp))
        Button(
            onClick = { ocrViewModel.recognizeBankCard(imageBase64) },
            modifier = Modifier.fillMaxWidth()
        ) {
            Text("单击识别")
        }
```

```
                        Spacer(modifier = Modifier.height(16.dp))

                    val _dataInfo by ocrViewModel.bankCardInfo.collectAsState()
                    val isLoading by ocrViewModel.isLoading.collectAsState()
                    if (isLoading) {
                        CircularProgressIndicator(modifier = Modifier.align(Alignment
.CenterHorizontally))
                    } else {
                        Text("识别文字:", style = MaterialTheme.typography.titleLarge)
                        Spacer(modifier = Modifier.height(8.dp))
                        LazyColumn {
                            items(_dataInfo) { detectedTextInfo ->
                                Card(
                                    modifier = Modifier
                                        .fillMaxWidth()
                                        .padding(vertical = 4.dp),
                                    elevation = CardDefaults.cardElevation(4.dp)
                                ) {
                                    Column(modifier = Modifier.padding(8.dp)) {
                                        Text(
                                            "Text: ${detectedTextInfo.detectedText}",
                                            style = MaterialTheme.typography.bodyLarge
                                        )
                                        Text(
                                            "Confidence: ${detectedTextInfo.confidence}",
                                            style = MaterialTheme.typography.bodySmall
                                        )
                                    }
                                }
                            }
                        }
                    }
                }
            }
        }
    }
}

@Composable
fun CameraPreviewView(context: Context, executor: Executor, onImageCaptured: (ImageProxy,
Int) -> Unit) {
    AndroidView(
        factory = { ctx ->
            val previewView = PreviewView(ctx)
            val cameraProviderFuture = ProcessCameraProvider.getInstance(ctx)
            cameraProviderFuture.addListener({
                val cameraProvider = cameraProviderFuture.get()
                val preview = Preview.Builder().build().also {
                    it.setSurfaceProvider(previewView.surfaceProvider)
                }
                val imageCapture = ImageCapture.Builder().build()
                val cameraSelector = CameraSelector.DEFAULT_BACK_CAMERA
                try {
                    cameraProvider.unbindAll()
```

```
                        cameraProvider.bindToLifecycle(
                            ctx as LifecycleOwner, cameraSelector, preview, imageCapture
                        )
                    } catch (e: Exception) {
                        e.printStackTrace()
                    }
                    previewView.setOnClickListener {
                        imageCapture.takePicture(executor, object : ImageCapture
.OnImageCapturedCallback() {
                            override fun onCaptureSuccess(image: ImageProxy) {
                                onImageCaptured(image, image.imageInfo.rotationDegrees)
                                image.close()
                            }
                        })
                    }
                }, ContextCompat.getMainExecutor(ctx))
                previewView
            },
            modifier = Modifier
                .fillMaxWidth()
                .aspectRatio(1.0f)
                .padding(16.dp)
        )
}

fun convertImageProxyToBase64(image: ImageProxy): String {
    val buffer = image.planes[0].buffer
    val bytes = ByteArray(buffer.capacity())
    buffer.get(bytes)
    return Base64.encodeToString(bytes, Base64.DEFAULT)
}
```

该代码定义了一个 OcrScreen 组合函数，用于展示 OCR 功能的用户界面，以及相关的辅助函数和组件。OcrScreen 组合函数主要实现以下 4 个功能。

（1）提供用户从相册选择图片或通过摄像头拍照。

（2）将选定的图片转换为 Base64 编码。

（3）调用 OCR 识别功能，并显示识别结果。

（4）提供实时摄像头预览功能。

具体功能实现详解如下。

1）状态管理

使用 remember 创建 imageUri 和 imageBase64 状态，用于存储用户选择或拍摄的图像数据。使用 collectAsState 从 ocrViewModel 中收集 bankCardInfo 和 isLoading 状态。

2）布局

使用 Scaffold 组件创建一个带有顶部应用栏的布局。TopAppBar 显示标题"OCR 识别"和返回按钮。Column 布局容器，用于垂直排列子组件。

3）图像选择和拍照功能

使用 Button 组件创建按钮，单击按钮时启动图像选择器或摄像头。使用 ActivityResultContracts.GetContent 处理图像选择结果，并将其转换为 Base64 编码。使用 ActivityResultContracts.RequestPermission 请求摄像头权限。

（1）摄像头预览

使用 CameraPreviewView 组件显示实时摄像头预览，单击预览时捕获图像并将其转换为 Base64 编码。使用 convertImageProxyToBase64 函数将 ImageProxy 转换为 Base64 编码。

（2）OCR 识别和显示结果

使用 Button 触发 OCR 识别，并使用 LazyColumn 显示识别结果。使用 CircularProgressIndicator 显示加载指示器。

7.3.7 OCR 识别界面集成与预览

1. 集成到主界面

在主界面直接调用集成的代码，具体代码如下所示。

```kotlin
class MainActivity : ComponentActivity() {
    override fun onCreate(savedInstanceState: Bundle?) {
        super.onCreate(savedInstanceState)
        setContent {
            val navController = rememberNavController()
            val SECRET_ID = "你的密钥 SecretID"
            val SECRET_KEY = "你的密钥 SecretKey"
            val REGION = "ap - guangzhou"
            val orcService = OcrService(TencentCloudClient.initOcrClient(SECRET_ID, SECRET_KEY, REGION))
            val ocrRepository = TencentCloudOcrRepository(orcService)
            val viewModelFactory = OcrViewModelFactory(this.application, ocrRepository)
            val viewModel = ViewModelProvider(this, viewModelFactory)[OcrViewModel::class.java]
            NavHost(navController = navController, startDestination = "tag") {
                composable("tag") {
                    OcrScreen(viewModel = viewModel, navController)
                }
            }
        }
    }
}
```

2. 预览效果

预览效果如图 7-3 所示。

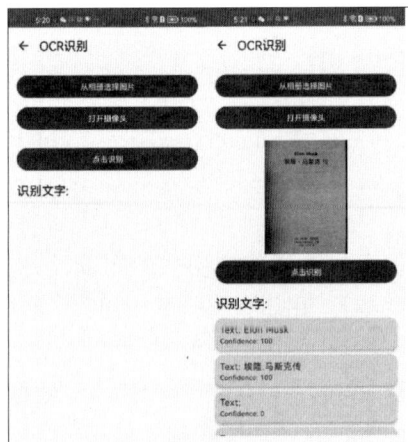

图 7-3 OCR 识别效果

实训一

　　集成语音识别 API，使用 Android Studio 创建一个应用，实现语音输入功能，将用户的语音内容转换为文本并显示在应用界面中。

实训二

　　使用 OCR 识别 API，创建一个文本识别功能模块，允许用户从相机拍摄或从图库选择图片，并将图片中的文本内容提取出来显示在应用界面上。

第三部分

发布与高级技巧

第 ❮8❯ 章

性能优化和调试

知识目标

(1) 理解性能优化的含义及作用。

(2) 重点理解性能优化中内存管理、网络使用、渲染性能的代码实现。

(3) 掌握应用调试的工具和方法。

技能目标

(1) 能够理解和复现性能优化中内存管理、网络使用、渲染性能的代码实现。

(2) 能够熟练使用调试工具和方法进行应用调试。

思维导图

```
                                         ┌── 内存管理与性能
                          ┌─ 应用性能优化 ├── 网络使用优化
                          │              └── 渲染性能优化
  ┌───────────┐          │
  │ 性能优化和调试 ├─────────┤
  └───────────┘          │
                          │              ┌── Android调试工具
                          └─ 调试应用 ────┤
                                         └── 远程调试与模拟器
```

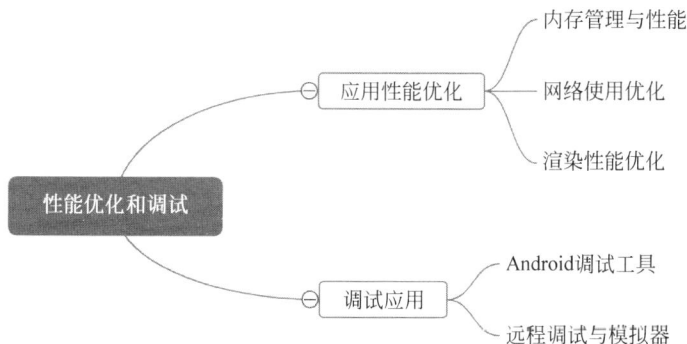

8.1 应用性能优化

应用性能优化是指通过一系列技术和方法提高应用程序的运行效率和用户体验。它涉及内存管理、网络使用、渲染性能等多个方面,旨在使应用在各种设备和环境中都能高效、稳定地运行。本节将详细讲解优化的知识点。

8.1.1 内存管理与性能

在 Android 应用开发中,有效的内存管理对于确保应用的性能和稳定性至关重要。不当的内存使用不仅会导致应用变慢,还可能引起 OutOfMemoryError 错误,从而导致应用崩溃。因此,开发者需要了解内存管理的基本原则,并采取措施优化内存使用。关于优化内存使用的方法如下。

1．避免内存泄漏

（1）正确使用 Context。避免在静态变量中持有 Activity 的引用，因为 Activity 包含了大量的内存资源。

（2）释放资源。在 Activity 或 Fragment 的生命周期结束时，及时释放占用的资源，如关闭 Cursor、取消未完成的异步任务等。

（3）弱引用（WeakReference）。在需要缓存但不希望长期持有对象时，可以使用 WeakReference，系统在内存不足时会自动回收这些对象。

2．使用合适的数据结构

（1）选择合适的数据结构。如使用 ArrayMap 替代 HashMap，减少内存消耗。

（2）避免过度使用全局变量。全局变量会长时间占用内存，应尽量减少其使用范围。

3．减少 Bitmap 内存使用

（1）加载适当大小的 Bitmap。使用 BitmapFactory. Options 进行压缩和裁剪，避免加载过大图片导致内存占用过高。

（2）Bitmap 复用。通过复用 Bitmap 对象，减少内存分配和释放的频率。

4．了解和使用垃圾回收机制

（1）了解 Java 的垃圾回收机制。合理分配和释放内存，减少内存泄漏。

（2）分析垃圾回收日志（GC Log）。通过分析 GC 日志，优化内存分配，减少垃圾回收对性能的影响。

JVM 垃圾回收机制是通过自动管理内存来减少程序员的负担。理解垃圾回收机制，可以帮助我们更好地优化内存管理。JVM 的垃圾回收机制包括以下 3 方面。

1）分代垃圾回收

JVM 将内存分为新生代、老年代和永久代（在一些 JVM 实现中）。不同代的对象有不同的生命周期和回收策略。

（1）新生代。存储新创建的对象。新生代分为 Eden 区和两个 Survivor 区。大多数对象在这里被创建和销毁。

（2）老年代。存储生命周期较长的对象。从新生代晋升的对象会被移动到老年代。

（3）永久代。存储类的元数据（在 Java 8 中被元空间取代）。

2）垃圾回收算法

JVM 使用多种垃圾回收算法来优化内存管理。

（1）标记-清除算法。标记活动对象并清除未标记的对象。

（2）标记-压缩算法。标记活动对象并将它们移动到内存的一端，压缩内存空间。

（3）复制算法。将活动对象从一个区域复制到另一个区域，清空原区域。

3）垃圾回收触发条件

垃圾回收会在以下情况下触发。

（1）新生代内存使用率达到阈值时，会触发 Minor GC，清理新生代。

（2）老年代内存使用率达到阈值时，会触发 Major GC，清理老年代。

（3）系统内存不足时，触发 Full GC，清理整个堆内存。

以下是几个具体示例，帮助读者更好地理解和应用内容管理技巧。具体代码如下。

```kotlin
import android.graphics.Bitmap
import android.graphics.BitmapFactory
import java.lang.ref.WeakReference

// 示例1:避免内存泄漏
class MemoryLeakActivity : AppCompatActivity() {
    private var someView: View? = null

    override fun onCreate(savedInstanceState: Bundle?) {
        super.onCreate(savedInstanceState)
        someView = findViewById(R.id.some_view)
    }

    override fun onDestroy() {
        super.onDestroy()
        someView = null // 避免内存泄漏
    }
}

// 示例2:使用 WeakReference
class ImageCache {
    private val imageCache = mutableMapOf<String, WeakReference<Bitmap>>()

    fun putImage(key: String, bitmap: Bitmap) {
        imageCache[key] = WeakReference(bitmap)
    }

    fun getImage(key: String): Bitmap? {
        return imageCache[key]?.get()
    }
}

// 示例3:Bitmap 优化
fun decodeSampledBitmapFromResource(res: Resources, resId: Int, reqWidth: Int, reqHeight:
Int): Bitmap {
    val options = BitmapFactory.Options().apply {
        inJustDecodeBounds = true
    }
    BitmapFactory.decodeResource(res, resId, options)

    options.inSampleSize = calculateInSampleSize(options, reqWidth, reqHeight)

    options.inJustDecodeBounds = false
    return BitmapFactory.decodeResource(res, resId, options)
}

fun calculateInSampleSize(options: BitmapFactory.Options, reqWidth: Int, reqHeight: Int): Int
{
    val (height: Int, width: Int) = options.run { outHeight to outWidth }
    var inSampleSize = 1

    if (height > reqHeight || width > reqWidth) {
        val halfHeight: Int = height / 2
```

```
        val halfWidth: Int = width / 2

        while ((halfHeight / inSampleSize) >= reqHeight && (halfWidth / inSampleSize) >=
reqWidth) {
            inSampleSize *= 2
        }
    }

    return inSampleSize
}
```

在上述代码示例中，我们通过以下 3 种方法优化内存使用。

（1）避免在 Activity 中持有对 View 的强引用，防止内存泄漏。

（2）使用 WeakReference 缓存 Bitmap 对象，防止长时间持有导致内存溢出。

（3）使用 BitmapFactory. Options 加载适当大小的 Bitmap，减少内存占用。

Kotlin 运行在 JVM 上，依赖 JVM 的垃圾回收机制进行内存管理。这种机制极大地简化了开发者的工作，使得内存管理更加安全和高效。理解和善用垃圾回收机制，对于编写高性能、稳定的 Kotlin 应用至关重要。

8.1.2　网络使用优化

在 Android 应用中，网络请求是最常见的性能瓶颈之一。优化网络使用不仅可以提高用户体验，还可以减少服务器负载和数据使用成本。以下是 5 种常用的网络使用优化方法及其实践。

1. 减少网络请求次数

（1）合并请求。尽量将多个小请求合并为一个大请求，以减少网络开销。

（2）使用批量请求。例如，在需要上传多张图片时，可以一次性上传所有图片，而不是逐张上传。

（3）缓存数据。在可能的情况下缓存网络数据，减少重复请求。

2. 异步处理

（1）避免在主线程中进行网络操作，使用异步请求提高应用的响应速度，避免 UI 卡顿。

（2）使用合适的网络库，如 OkHttp 和 Retrofit，简化异步网络请求的处理。

3. 使用高效的网络库

（1）OkHttp。一个高效的 HTTP 客户端，支持连接池、缓存、压缩等功能。

（2）Retrofit。一个基于 OkHttp 的类型安全的 HTTP 客户端，提供简洁的 API 定义，支持 JSON 解析和 RxJava 集成。

4. 数据压缩

在传输数据时使用 GZIP 压缩，减少传输的数据量，提升传输效率。

5. 设置合理的刷新频率

根据需求设置 API 调用的刷新和更新频率，避免过于频繁的调用，减少不必要的网络流量和电量消耗。

具体的实践代码示例如下。

```kotlin
// 使用 Retrofit 和 Kotlin 协程进行网络请求
interface ApiService {
    @GET("your_endpoint")
    suspend fun fetchData(): Response<YourDataModel>
}

class Repository(private val apiService: ApiService) {
    // 使用缓存策略
    private val cache = mutableMapOf<String, YourDataModel>()

    suspend fun getData(): YourDataModel? {
        val cacheKey = "unique_key_for_data"
        // 先检查缓存
        cache[cacheKey]?.let { return it }

        // 发起网络请求
        val response = apiService.fetchData()
        if (response.isSuccessful) {
            // 存储到缓存
            cache[cacheKey] = response.body()
            return response.body()
        }
        return null
    }
}

// 使用 OkHttp 拦截器实现 GZIP 压缩
class GzipRequestInterceptor : Interceptor {
    override fun intercept(chain: Interceptor.Chain): Response {
        val originalRequest = chain.request()
        if (originalRequest.body() == null || originalRequest.header("Content-Encoding") != null) {
            return chain.proceed(originalRequest)
        }

        val compressedRequest = originalRequest.newBuilder()
            .header("Content-Encoding", "gzip")
            .method(originalRequest.method(), gzip(originalRequest.body()!!!))
            .build()
        return chain.proceed(compressedRequest)
    }

    private fun gzip(body: RequestBody): RequestBody {
        val buffer = Buffer()
        val gzipSink = GzipSink(buffer).buffer()
        body.writeTo(gzipSink)
        gzipSink.close()
        return buffer.asRequestBody(body.contentType()).also {
            it.contentLength()
        }
    }
}
```

在这些示例中，使用了 Retrofit 库来发起网络请求，并利用 Kotlin 协程来处理异步操作。同时，实现了一个简单的缓存策略，并通过 OkHttp 拦截器添加了 GZIP 压缩。这些实践可以帮助开发者优化 Android 应用中的网络使用。

8.1.3　渲染性能优化

渲染性能指的是应用界面的流畅性和响应速度。Jetpack Compose 使用声明式编程模型，通过描述 UI 的状态来构建和更新界面。优化渲染性能的目标是减少界面的卡顿和延迟，使应用界面更加流畅和自然。以下是 3 种常用的渲染性能优化方法及其实践。

1. 减少重组和重绘

（1）Jetpack Compose 中，重组（recomposition）是指在某些状态变化时重新执行 Composable 函数。减少不必要的重组可以提高性能。

（2）使用 remember 和 rememberSaveable 来缓存计算结果和状态，减少重组次数。

2. 使用高效布局

（1）使用高效布局，如 ConstraintLayout、Box 和 Column，避免深层次嵌套。

（2）合理使用 Modifier，如 fillMaxSize、padding 等，优化布局性能。

3. 视图复用

在 Jetpack Compose 中，通过 LazyColumn 和 LazyRow 等惰性布局实现视图复用，优化列表渲染性能。

优化渲染性能的实践示例如下。

```kotlin
// 使用 LazyColumn 避免不必要的重组和提高列表性能
@Composable
fun MyList(items: List<MyItem>) {
    LazyColumn {
        items(items) { item ->
            MyListItem(item)
        }
    }
}

@Composable
fun MyListItem(item: MyItem) {
    // 定义列表项的 UI
    Text(text = item.name)
    // 其他 UI 元素
}

// 使用 remember 和 derivedStateOf 优化状态变化
@Composable
fun MyComposable() {
    val items = remember { mutableStateListOf<MyItem>() }
    val itemCount = remember { derivedStateOf { items.size } }

    // 使用 itemCount 而不是 items.size 来避免不必要的重组
    Text("Items count: ${itemCount.value}")
}
```

在这些示例中,使用了 LazyColumn 来优化列表的渲染性能,并通过 remember 和 derivedStateOf 来优化状态变化的处理,减少不必要的重组。

8.2 调试应用

调试是软件开发过程中至关重要的环节。通过有效的调试方法,可以快速定位并修复应用中的问题,提升代码质量和应用稳定性。本节将详细介绍调试 Android 应用及其实践。

8.2.1 Android 调试工具

Android Studio 提供了一系列强大的调试工具,可以帮助开发者查找和解决代码中的问题。

1. Debugger 方式

(1) 设置断点。在代码中设置断点,程序运行到断点处会暂停,方便开发者查看当前状态。

(2) 逐步执行代码。逐行执行代码(Step Over)、进入函数内部(Step Into)、跳出函数(Step Out),深入了解代码的执行流程。

(3) 查看变量和对象状态。在调试过程中查看变量和对象的值,检查是否符合预期。

2. Logcat 方式

(1) 实时查看日志。Logcat 是 Android Studio 中用于查看和过滤日志信息的工具。

(2) 设置过滤器。通过设置过滤器来查看特定标签(tag)或级别(如 DEBUG、INFO、WARN、ERROR)的日志。

(3) 分析日志信息。通过日志信息,可以定位崩溃点、检查错误原因、调试运行时的状态。

8.2.2 远程调试与模拟器

远程调试和使用模拟器调试是 Android 应用开发中常用的方法。通过远程调试,可以在真实设备上进行调试,捕获和分析设备上的问题。使用模拟器,则可以模拟不同的设备和系统环境,方便开发和测试。

1. 远程调试的设置和使用

远程调试是指通过网络连接设备进行调试,适用于无法通过 USB 连接的设备或远程服务器上的应用。

(1) 连接设备。

确保设备和开发机器在同一个 Wi-Fi 网络下。并且在设备上启用了开发者选项和 USB 调试功能,具体如图 8-1 所示。

(2) 获取设备 IP 地址。

在设备上打开设置,进入 Wi-Fi 设置,查看连接的 Wi-Fi 网络,获取设备的 IP 地址。

图 8-1 设备开启 USB 调试模式

（3）连接设备。

通过 USB 连接设备到开发机器并打开终端，输入下面命令：

```
adb tcpip 5555
adb connect <设备 IP 地址>:5555
```

断开 USB 连接，设备仍然通过 Wi-Fi 连接。

（4）确认连接。

使用 ADB 命令确认连接状态，具体命令如下所示。

```
adb devices
```

以上就是远程调试配置步骤，但在日常使用中不多见，这里就不过多介绍。下面将介绍通过模拟器来调试，这也是开发中最常用方式之一。

2. 使用模拟器调试应用程序

（1）创建模拟器。

打开 Android Studio 在右侧打开 Device Manager 界面，如图 8-2 所示。

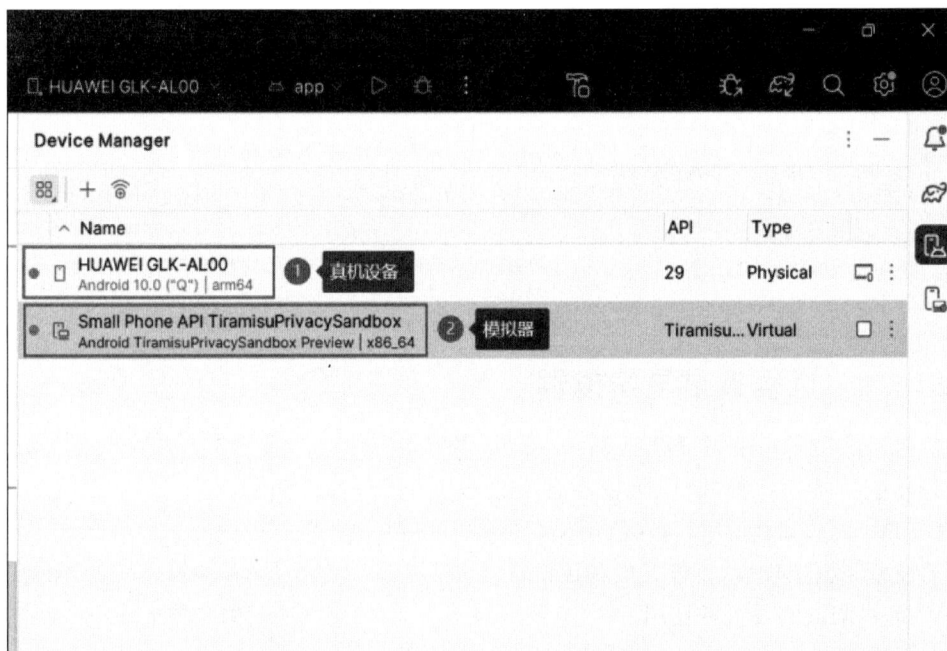

图 8-2　Device Manager 界面

可以看到界面中已经有两个设备，可以再创建一个模拟器设备。单击界面中的 ➕ 图标，即可进入 Virtual Device Configuration 界面，如图 8-3 所示。

通过选择目标设备和系统版本后，单击"完成"按钮即可创建一个新的模拟器，如图 8-4 所示。

（2）启动模拟器。

单击新的模拟器 ▷ 图标，即可运行该模拟器，如图 8-5 所示。

（3）在模拟器运行或调试应用。

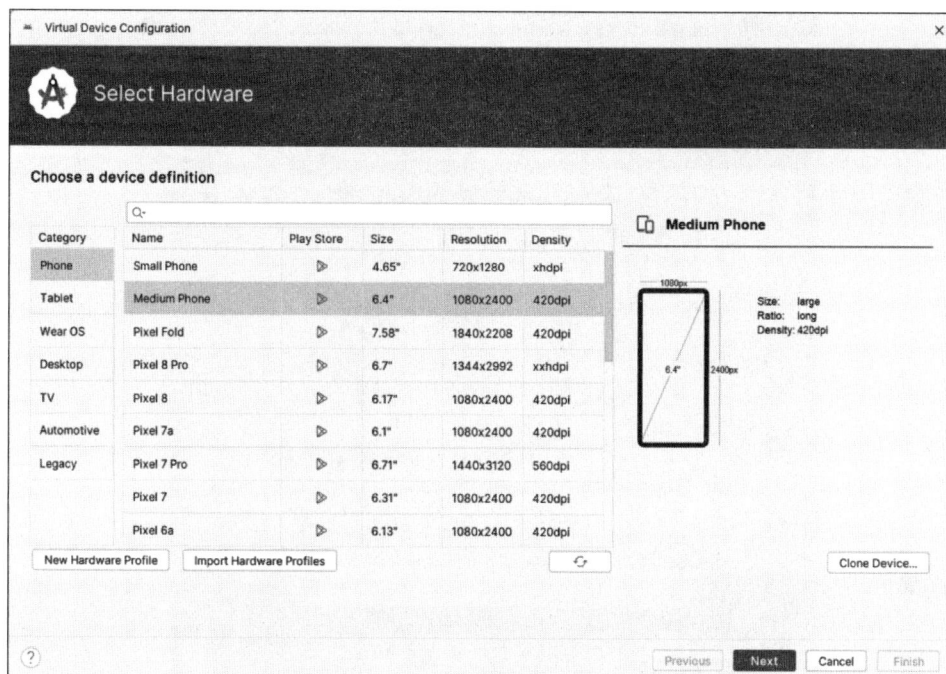

图 8-3　Virtual Device Configuration 界面

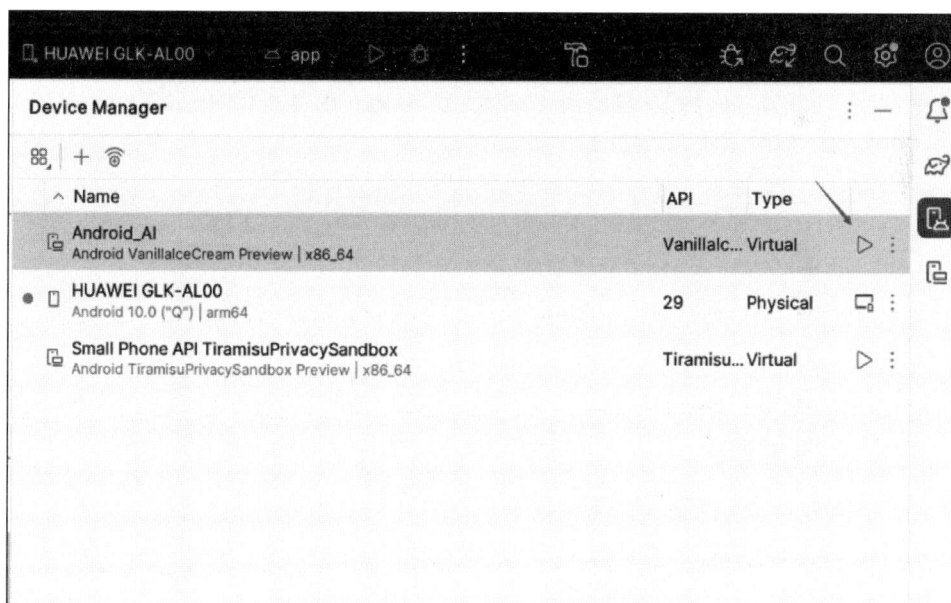

图 8-4　新建名为 Android_AI 模拟器

单击 Android Studio 工具栏上的 ▷ 图标，表示在模拟器上运行应用程序。单击工具栏上的 ⚙ 图标，表示在模拟器上调试应用程序。在模拟器上运行本书第二部分的应用程序，运行效果如图 8-6 所示。

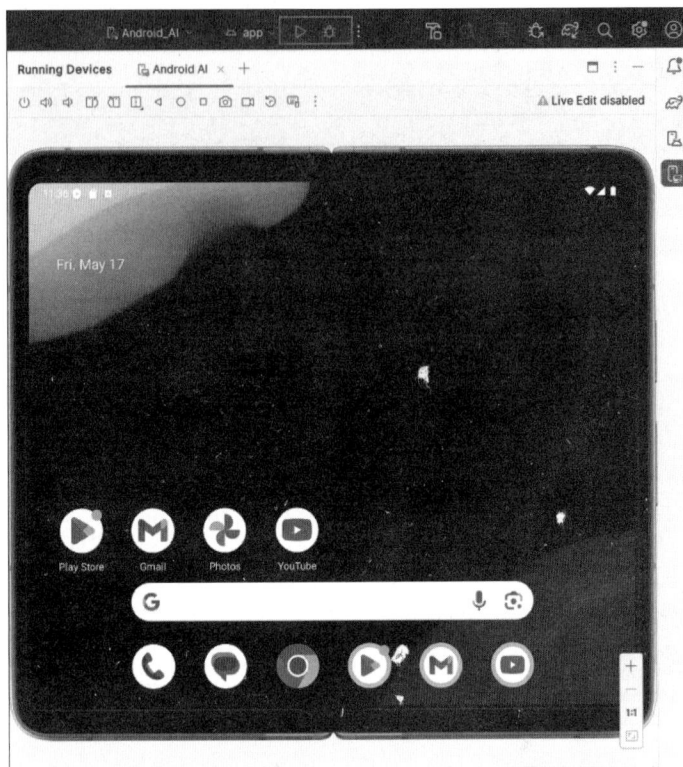

图 8-5　启动模拟器

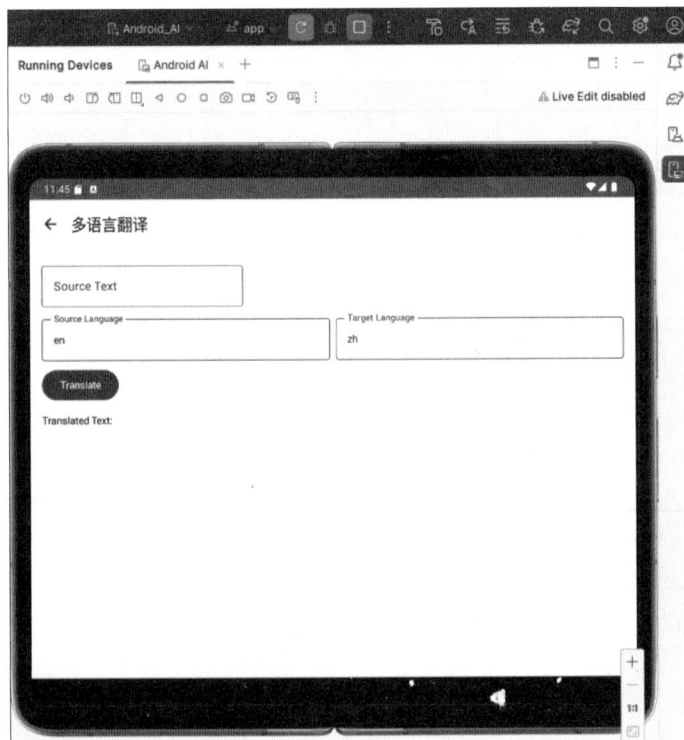

图 8-6　模拟器运行效果

实训一

题目：

对现有的 Android 应用进行内存管理优化，使用 Android Studio 的内存分析工具查找和修复潜在的内存泄漏问题，确保应用在低内存设备上运行顺畅。

目标：

（1）在 Android 应用中进行内存管理优化，避免内存泄漏和过度的内存使用。

（2）使用合适的数据结构和技术来减少内存占用。

步骤：

（1）避免内存泄漏。

确保在 Activity 或 Fragment 的生命周期结束时，释放占用的资源。使用 WeakReference 来缓存对象，避免长期持有导致内存溢出。

（2）使用合适的数据结构。

用 ArrayMap 替代 HashMap 来减少内存消耗。避免过度使用全局变量，将其使用范围尽量缩小。

（3）优化 Bitmap 内存使用。

使用 BitmapFactory.Options 加载适当大小的 Bitmap，避免加载过大图片导致内存占用过高。通过复用 Bitmap 对象减少内存分配和释放的频率。

实训二

题目：

使用 Android Studio 的调试工具对应用进行网络性能优化，分析网络请求的延迟与带宽消耗，并对发现的问题进行优化，确保网络请求更加高效和稳定。

目标：

（1）优化 Android 应用中的网络请求，减少网络使用和提升应用性能。

（2）使用异步请求和高效的网络库来处理网络操作。

步骤：

（1）减少网络请求次数。

合并多个小请求为一个大请求，减少网络开销。使用批量请求，例如一次性上传多张图片，而不是逐张上传。缓存网络数据，减少重复请求。

（2）异步处理。

避免在主线程中进行网络操作，使用异步请求提高应用的响应速度，避免 UI 卡顿。使用合适的网络库，如 OkHttp 和 Retrofit，简化异步网络请求的处理。

（3）数据压缩。

在传输数据时使用 GZIP 压缩，减少传输的数据量，提升传输效率。

第〈9〉章

视频讲解

打包构建与发布

知识目标

（1）理解并掌握应用程序构建与打包流程。

（2）理解并掌握应用市场的发布过程。

技能目标

（1）能够完整地实现应用程序的构建及打包。

（2）能够完整地实现应用程序在应用市场的发布。

思维导图

```
                                          ┌── 详解构建配置
                    ┌─ 应用程序构建与打包流程 ─┤
                    │                     └── 构建打包
      打包构建与发布 ─┤
                    │
                    └─ 应用市场的发布
```

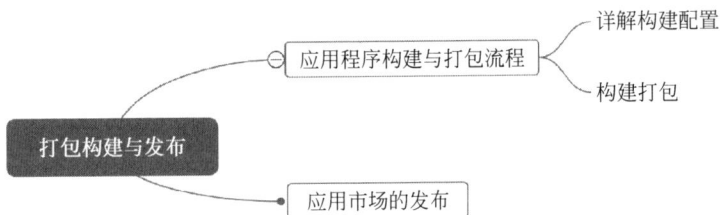

9.1　应用程序构建与打包流程

　　打包构建与发布是 Android 应用开发的最后阶段，确保应用能够正确打包并在应用市场发布，保证用户能够顺利下载和使用。本节将详细介绍构建、打包和发布应用及其实践。

9.1.1　详解构建配置

　　构建配置是应用打包和发布的基础，正确的配置可以确保应用在不同环境下的稳定性和性能。Android Studio 使用 Gradle 作为构建系统，通过配置 build.gradle.kts 文件来管理项目的构建过程。以本书第二部分创建的项目为例，详解一下该项目中的 build.gradle.kts 配置。具体代码如下所示。

```
plugins {
    alias(libs.plugins.androidApplication)
    alias(libs.plugins.jetbrainsKotlinAndroid)
}

android {
```

```
        namespace = "com.example.part2"
        compileSdk = 34

        defaultConfig {
            applicationId = "com.example.part2"
            minSdk = 24
            targetSdk = 34
            versionCode = 1
            versionName = "1.0"

            testInstrumentationRunner = "androidx.test.runner.AndroidJUnitRunner"
            vectorDrawables {
                useSupportLibrary = true
            }
        }

        buildTypes {
            release {
                isMinifyEnabled = false
                proguardFiles(
                    getDefaultProguardFile("proguard-android-optimize.txt"),
                    "proguard-rules.pro"
                )
            }
        }
        compileOptions {
            sourceCompatibility = JavaVersion.VERSION_1_8
            targetCompatibility = JavaVersion.VERSION_1_8
        }
        kotlinOptions {
            jvmTarget = "1.8"
        }
        buildFeatures {
            compose = true
        }
        composeOptions {
            kotlinCompilerExtensionVersion = "1.5.1"
        }
        packaging {
            resources {
                excludes += "/META-INF/{AL2.0,LGPL2.1}"
            }
        }
    }
}

dependencies {
    implementation(libs.androidx.core.ktx)
    implementation(libs.androidx.lifecycle.runtime.ktx)
    implementation(libs.androidx.activity.compose)
    implementation(platform(libs.androidx.compose.bom))
    implementation(libs.androidx.ui)
    implementation(libs.androidx.ui.graphics)
    implementation(libs.androidx.ui.tooling.preview)
    implementation("androidx.compose.material3:material3:1.2.1")
    // 添加 Retrofit 以及相关依赖
    implementation("com.squareup.retrofit2:retrofit:2.9.0")
    implementation("com.squareup.retrofit2:converter-gson:2.9.0")
```

```
implementation("com.squareup.okhttp3:okhttp:4.9.0")
implementation("com.squareup.retrofit2:adapter-rxjava3:2.9.0")
implementation("com.squareup.retrofit2:converter-scalars:2.9.0")
implementation("androidx.lifecycle:lifecycle-viewmodel-compose:2.4.1")
implementation("io.coil-kt:coil-compose:2.1.0")
// 添加腾讯云开发者工具套件(SDK)3.0
implementation("com.tencentcloudapi:tencentcloud-sdk-java:3.1.1013")
implementation("androidx.media3:media3-exoplayer:1.3.1")
implementation("androidx.camera:camera-core:1.1.0")
implementation("androidx.camera:camera-camera2:1.1.0")
implementation("androidx.camera:camera-lifecycle:1.1.0")
implementation("androidx.camera:camera-view:1.1.0")
implementation(libs.androidx.navigation.runtime.ktx)
implementation(libs.androidx.navigation.compose)
testImplementation(libs.junit)
androidTestImplementation(libs.androidx.junit)
androidTestImplementation(libs.androidx.espresso.core)
androidTestImplementation(platform(libs.androidx.compose.bom))
androidTestImplementation(libs.androidx.ui.test.junit4)
debugImplementation(libs.androidx.ui.tooling)
debugImplementation(libs.androidx.ui.test.manifest)
}
```

1. plugins

plugins 是声明使用的 Gradle 插件。

（1）alias（libs. plugins. androidApplication）。使用 androidApplication 插件，用于 Android 应用程序开发。

（2）alias（libs. plugins. jetbrainsKotlinAndroid）。使用 kotlin-android 插件，用于在 Android 项目中支持 Kotlin。

2. Android 配置

（1）namespace：指定应用程序的命名空间。

（2）compileSdk：指定编译时使用的 Android SDK 版本。

（3）defaultConfig：定义应用的默认配置。

① applicationId：应用程序的唯一标识符。

② minSdk：最低支持的 Android 版本。

③ targetSdk：目标 Android 版本。

④ versionCode：应用版本号（整数），每次发布时递增。

⑤ versionName：应用版本名称（字符串），用于显示给用户。

⑥ testInstrumentationRunner：指定用于运行仪器测试的类。

⑦ vectorDrawables. useSupportLibrary：使用支持库来处理矢量图。

3. buildTypes，定义不同的构建类型（如 debug 和 release）

release，发布构建类型。

① isMinifyEnabled：是否启用代码混淆（ProGuard）。

② proguardFiles：指定 ProGuard 配置文件。

4. compileOptions，配置 Java 编译选项

（1）sourceCompatibility：指定源代码兼容的 Java 版本。

（2）targetCompatibility：指定目标字节码兼容的 Java 版本。

5．kotlinOptions，配置 Kotlin 编译选项

jvmTarget：指定 JVM 目标版本。

6．buildFeatures，启用或禁用特定的构建特性

compose：启用 Jetpack Compose。

7．composeOptions，配置 Jetpack Compose 的选项

kotlinCompilerExtensionVersion：指定 Kotlin 编译器扩展版本。

8．packaging，配置打包选项

resources：配置资源打包选项。

excludes：排除不需要的资源文件。

9．implementation，声明编译时依赖，仅在运行时包含

通过这些配置，开发者可以构建一个功能齐全的 Android 应用，包括基本配置、构建类型、编译选项、Jetpack Compose、第三方库依赖和测试配置。这些配置确保应用在开发、调试和发布时都能正常运行，并提供最佳性能。下面通过实践构建发布一个 App。

9.1.2 构建打包

可以通过 Android Studio 直接将本书第二部分开发完成的 AI 应用程序构建打包成 APK。具体步骤如下所示。

1．设置签名配置

在打包发布版本的 APK 之前，需要配置签名信息。创建一个签名密钥库（keystore），并将其添加到项目的构建配置中。

（1）创建签名密钥库。

在 android studio 菜单栏中，选择 Build→Generate Signed Bundle/APK... 选项，如图 9-1 所示。

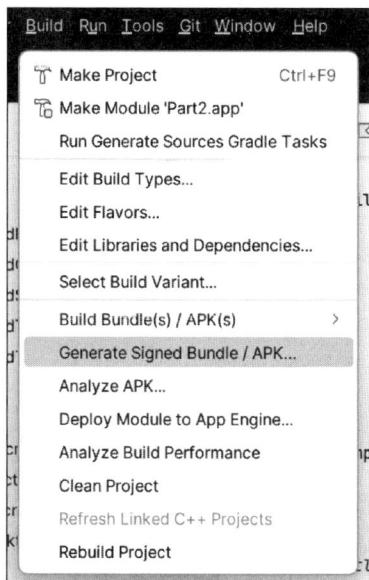

图 9-1　Generate Signed Bundle/APK... 菜单

打开 Generate Signed Bundle or APK 窗口，然后选择 APK，单击 Next 按钮。开始创建新的密钥库，如图 9-2 所示。

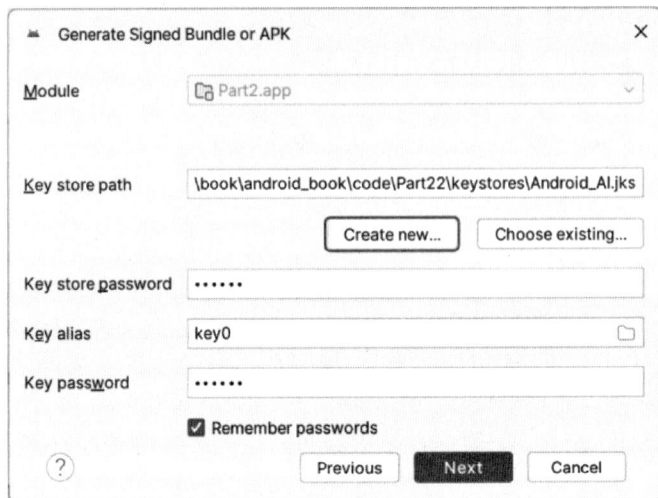

図 9-2　创建新的密钥库

（2）配置签名信息。

在模块级 build.gradle.kts 文件中配置签名信息。具体代码如下所示。

```
signingConfigs {
    create("release") {
        keyAlias = "key0"
        keyPassword = "123456"
        storeFile = file("keystores/Android_AI.jks")
        storePassword = "123456"
    }
}
buildTypes {
    getByName("release") {
        isMinifyEnabled = false
        proguardFiles(
            getDefaultProguardFile("proguard-android-optimize.txt"),
            "proguard-rules.pro"
        )
        signingConfig = signingConfigs.getByName("release")
    }
}
```

2. 生成 APK 文件

再次打开 Generate Signed Bundle or APK 窗口，然后选择 APK，单击 Next 按钮。选择签名信息，然后根据提示单击 Create 按钮后，Android studio 会开始构建并打包 APK 文件，可以在底部 Build 窗口查看进度，如图 9-3 所示。

通常生成的 APK 文件会在目录 app/release 下。

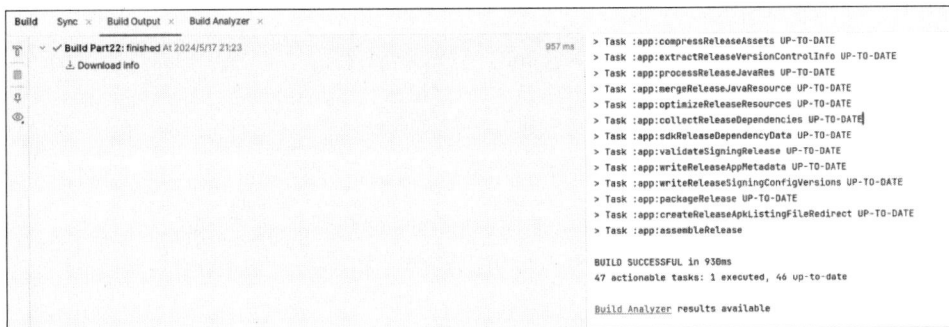

图 9-3　构建完成后的状态

9.2　应用市场的发布

这里以华为应用市场发布流程为例,简单介绍一下发布步骤,具体请读者自行去华为应用市场官方了解。

第一步:注册和登录华为开发者账号。

(1) 注册开发者账号。

① 访问华为开发者联盟官网。

② 单击右上角的"注册"按钮,按照提示完成账号注册。

(2) 登录开发者账号。

使用注册的账号登录华为开发者联盟。

第二步:创建应用。

(1) 进入开发者控制台。

① 登录后,进入华为开发者控制台。

② 在左侧菜单中选择"我的应用"。

(2) 创建新应用。

① 单击"创建应用"按钮,填写应用的基本信息(如应用名称、语言、类别等)。

② 上传应用的图标和其他相关信息。

第二步:准备 APK 文件。

(1) 构建 APK 文件。

使用 Android Studio 生成签名的发布版本 APK 文件。具体步骤参见前面"使用 Android Studio 构建打包成 APK"部分。

(2) 确保 APK 文件符合要求。

① APK 文件必须经过签名。

② APK 文件必须满足应用市场的最低兼容性要求。

第四步:上传 APK 文件。

(1) 选择应用版本管理。

① 在"我的应用"界面,选择刚创建的应用。

② 进入应用详情界面,选择"版本管理"→"版本发布"选项。

（2）上传 APK 文件。

① 单击"上传 APK"按钮，选择签名好的 APK 文件上传。

② 填写版本号、更新日志等信息。

第五步：填写应用信息。

（1）应用信息。

① 填写应用的详细信息，包括应用描述、功能介绍、更新日志等。

② 确保信息完整、准确，并符合华为应用市场的发布要求。

（2）上传应用截图和视频。

提供应用的截图和宣传视频，展示应用的界面和功能。

第六步：提交审核。

（1）提交应用审核。

① 填写完所有必填信息后，单击"提交审核"。

② 应用将进入审核流程，审核时间可能需要几天。

（2）等待审核结果。

① 在"我的应用"界面，可以查看审核状态。

② 如果审核通过，应用将发布在华为应用市场。

③ 如果审核未通过，查看审核意见，修改后重新提交。

第七步：发布应用。

审核通过后发布应用，审核通过后，应用将在华为应用市场上线，用户可以下载和安装。

注意事项：

① 遵循华为应用市场的审核标准。确保用户的应用符合华为应用市场的发布标准和政策，包括内容合规、功能完善等。

② 更新和维护。定期更新应用，修复 Bug，添加新功能，以保持用户的活跃度和满意度。

③ 用户反馈。关注用户反馈，及时响应用户的问题和建议，不断优化应用。

通过以上步骤，就可以成功将 APK 文件发布到华为应用市场。

实训一

配置 Android 应用的签名，并生成一个签名的 APK 文件，确保应用可以发布到应用市场。

实训二

将生成的 APK 文件发布到华为应用市场，完成发布流程，包括填写应用信息、上传 APK、通过审核等步骤。

第 10 章

应用的持续维护

知识目标

(1) 理解应用更新策略含义和意义。

(2) 掌握应用更新策略基本过程。

(3) 理解管理用户反馈的含义和意义。

(4) 掌握管理用户反馈的基本过程。

技能目标

(1) 能够具备执行应用更新策略的能力。

(2) 能够具备执行管理用户反馈的能力。

思维导图

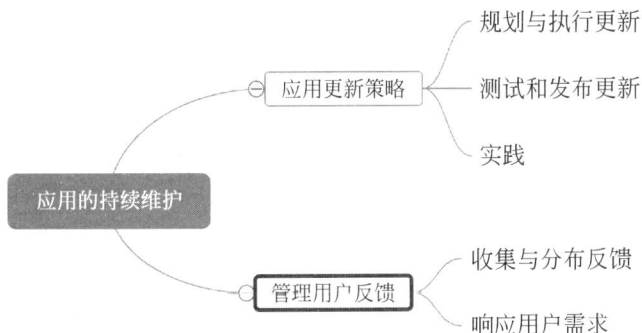

10.1　应用更新策略

10.1.1　规划与执行更新

1. 规划应用更新周期

(1) 确定更新频率。根据应用的性质和用户需求,决定更新的频率。例如,一些应用可能需要每周更新,而其他应用可能每月或每季度更新一次。

(2) 版本控制。使用版本控制系统(如 Git)来管理代码的变更。为每次更新创建一个新的分支,并在合并到主分支之前进行彻底测试。

2. 管理版本控制和更新日志

(1) 维护更新日志。为用户和开发者提供清晰的更新日志,说明每次更新中包含的新功能和修复的错误。

（2）遵循语义化版本控制。使用语义化版本号（如 major. minor. patch），在添加新功能时增加次版本号，在修复错误时增加补丁版本号。

3. 确保向后兼容性

（1）测试新旧版本的兼容性。确保新版本不会破坏旧版本的功能。

（2）渐进式更新。如果可能，提供渐进式更新，让用户可以选择是否安装新版本。

10.1.2　测试和发布更新

1. 进行全面的回归测试

（1）自动化测试。建立自动化测试框架，确保每次更新都能通过所有测试用例。

（2）手动测试。进行手动测试，特别是对于用户界面和用户体验的改进。

2. 使用测试版发布策略

（1）Alpha/Beta 测试。在正式发布前，通过 Alpha 或 Beta 渠道向一小部分用户提供更新，收集反馈。

（2）收集反馈。使用问题跟踪系统（如 JIRA）来收集和管理用户反馈。

3. 处理用户反馈和紧急修复

（1）快速响应。对于用户报告的问题，提供快速响应和解决方案。

（2）紧急修复。对于严重的错误，提供紧急修复并尽快发布更新。

10.1.3　实践

1. 设置持续集成/持续部署（CI/CD）流程

使用工具如 Jenkins、Travis CI 或 GitHub Actions 来自动化构建和测试过程。

2. 创建详细的测试计划

编写测试用例，覆盖所有功能点。

使用单元测试、集成测试和端到端测试来确保代码质量。

3. 发布测试版

使用 Google Play 的内测功能或 TestFlight（对于 iOS 应用）来发布测试版。

邀请用户参与测试，并提供反馈渠道。

4. 监控应用性能

使用工具如 Firebase 或 Sentry 来监控应用性能和收集崩溃报告。

5. 更新文档和帮助中心

每次更新后，确保相关文档和帮助中心内容是最新的。

通过遵循这些策略和实践，可以确保应用的更新过程顺利，同时最大限度地减少对用户的影响。

10.2　管理用户反馈

本节将详细介绍如何有效地管理用户反馈，这对于提高用户满意度和应用质量至关重要。

10.2.1　收集与分析反馈

1. 使用反馈工具和渠道

（1）设置反馈系统。在应用内部署反馈系统，如用户调查、反馈表单或直接的联系方式。

（2）社交媒体和论坛。利用社交媒体平台和在线论坛作为收集用户反馈的渠道。

（3）监控评价。定期检查应用商店的评价和评论，以及其他任何用户可能留下反馈的地方。

2. 分析反馈数据和趋势

（1）数据分析。使用数据分析工具来识别常见问题和用户需求的趋势。

（2）用户行为分析。通过分析用户使用应用的方式，了解用户的真实体验和痛点。

3. 优先处理反馈和改进

（1）优先级分类。根据反馈的紧急程度和影响范围，对问题进行分类和优先级排序。

（2）制订改进计划。根据收集到的反馈，制订针对性的改进计划，并分配资源执行。

10.2.2　响应用户需求

1. 快速响应用户问题

（1）客服支持。提供有效的客服支持，确保用户问题能够得到及时响应。

（2）自动化工具。使用聊天机器人或自动回复系统来提供即时帮助。

2. 定期更新 FAQ 和帮助文档

（1）文档维护。根据用户的常见问题更新 FAQ 和帮助文档，使其保持最新。

（2）易于访问。确保用户可以轻松找到帮助文档和 FAQ。

3. 建立用户社区和支持论坛

（1）社区建设。创建在线社区，鼓励用户分享经验和解决方案。

（2）论坛管理。监控论坛，确保讨论保持积极和有建设性。

本章虽然理论较多，但是开发一个产品级别的 App，这些理论是维持产品应用必不可少的环节。通过这些步骤和实践，可以有效地进行应用的持续维护，确保应用在发布后仍能保持高质量和用户满意度。持续的更新和优化不仅能提升用户体验，还能提高应用的市场竞争力。

附录 A

Android开发工具和资源

在 Android 应用开发的世界中,有许多工具和资源可以帮助开发者提高效率、优化性能和改善用户体验。以下是一些重要的工具和资源,它们对于初学者和经验丰富的开发者都非常有用。

1. 开发环境和 IDEs

(1) Android Studio:官方集成开发环境(IDE),提供代码编辑、调试、性能监控工具等。

(2) Visual Studio Code:轻量级的代码编辑器,支持多种语言和 Android 开发插件。

(3) IntelliJ IDEA:强大的 IDE,提供了 Android Studio 的所有功能,并有更多的插件和工具。

2. 编程语言

(1) Kotlin:现代编程语言,已成为 Android 官方推荐的开发语言。

(2) Java:传统的 Android 开发语言,拥有大量的库和框架支持。

3. 用户界面设计

(1) Jetpack Compose:声明式 UI 工具库,用于构建原生 Android UI。

(2) XML Layouts:传统的 UI 设计方法,使用 XML 文件定义界面。

4. 性能优化

(1) Android Profiler:在 Android Studio 中监控应用的 CPU、内存和网络使用情况。

(2) LeakCanary:内存泄漏检测工具,帮助开发者找到并修复内存泄漏问题。

5. 版本控制

(1) Git:分布式版本控制系统,用于跟踪代码变更。

(2) GitHub、GitLab、Bitbucket:提供 Git 仓库托管的平台,支持代码协作和问题跟踪。

6. 测试

(1) JUnit:单元测试框架,用于测试应用的各个组件。

(2) Espresso:UI 测试框架,用于自动化测试 Android 应用的用户界面。

(3) Robolectric:在 JVM 上运行 Android 测试的框架,不需要模拟器或真实设备。

7. 持续集成/持续部署(CI/CD)

(1) Jenkins:自动化服务器,支持构建、测试和部署应用。

(2) Travis CI、CircleCI:提供云服务的 CI/CD 平台,与 GitHub 等版本控制系统集成。

8. 应用分发

(1) Google Play。

(2) 华为应用市场。

(3) 腾讯应用宝。

国际化和本地化

Android 开发时,国际化(Internationalization,i18n)和本地化(Localization,l10n)是创建全球化应用的关键步骤。以下是如何在这种开发环境中实现国际化和本地化的指南和实践方法。

1. 国际化

国际化是设计软件时考虑到多语言和地区差异的过程,确保软件结构能够适应不同的语言环境。

关键点:

(1) 灵活的布局:Jetpack Compose 允许开发者创建响应式布局,适应不同语言的文本长度变化。

(2) 资源管理:使用 Kotlin 的资源管理系统来处理文本、图像和其他资源。

实践建议:

(1) 字符串资源:在 res/values/strings.xml 中定义默认语言的字符串,为其他语言创建相应的 strings.xml 文件,如 res/values-es/strings.xml。

(2) 格式化和单位:使用 java.text 和 java.util 包中的类来处理日期、时间和数字的本地化格式。

2. 本地化

本地化是将应用的内容翻译和调整到特定地区的语言和文化的过程。

关键点:

(1) 内容翻译:将所有用户界面文本、帮助文档和消息翻译成目标语言。

(2) 文化适应性:确保内容和图像适合目标市场的文化。

实践建议:

(1) 专业翻译:聘请专业翻译人员或使用可靠的翻译服务。

(2) 本地化测试:在目标市场进行用户测试,确保本地化的准确性和自然性。

3. 具体实践

(1) 定义字符串资源。

```xml
<!-- res/values/strings.xml -->
<string name = "app_name">MyApp</string>
<!-- res/values-es/strings.xml -->
<string name = "app_name">MiAplication</string>
```

（2）使用字符串资源。

```
@Composable
fun Greeting(name: String) {
    Text(text = stringResource(R.string.app_name))
}
```

（3）格式化日期和实践。

```
val currentLocale = Locale.getDefault()
val dateFormatter = DateFormat.getDateInstance(DateFormat.SHORT, currentLocale)
val formattedDate = dateFormatter.format(Date())
```

（4）动态内容本地化。

对于动态获取的内容（如来自服务器的文本），需要确保服务器能够根据用户的语言偏好提供本地化内容。

真机预览及调试

在 Android 应用开发过程中,通过真机设备进行预览和调试是确保应用在真实环境中运行良好的重要步骤。使用真机设备进行调试可以发现模拟器无法检测的问题,如性能瓶颈、传感器响应、网络连接等。以下是详细的操作步骤,帮助用户通过 USB 线连接真机设备到 Android Studio 进行预览和调试。

1. 启用开发者选项

在用户的 Android 设备上打开"设置"应用,向下滚动到"关于手机"并单击进入。连续单击"版本号"7 次,直到提示用户已成为开发者。

2. 启用 USB 调试

如果已经启用了开发者选项后,会在"设置"菜单看到一个新的"开发人员选项",打开"开发人员选项",然后启用"USB 调试",如图 C-1 所示。

图 C-1 开启 USB 调试

3. 使用 USB 线连接设备

使用 USB 线将手机设备连接到开发计算机上，此时会弹出是否允许计算机的调试权限，请选择"允许"选项。设备上弹出"USB 连接方式"，请选择"传输文件"选项。

4. 在 Android Studio 中选择设备

当设备与计算机连接上时，Android Studio 工具栏上正常默认就是当前连接的真机设备，如图 C-2 所示。

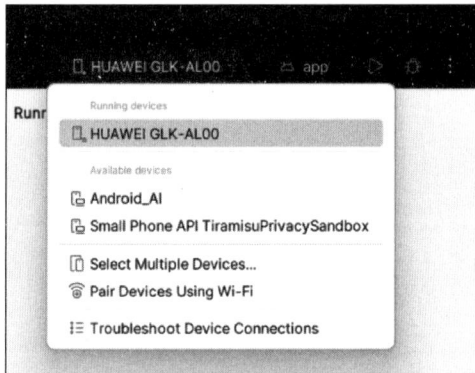

图 C-2　选择真机设备

5. 运行和调试应用

（1）选择用户的设备后，单击工具栏上的"运行"按钮 ▷，用户的应用将被安装并启动在用户的设备上。

（2）要调试应用，可以在代码中设置断点，然后单击工具栏上的"调试"按钮 ⚙ 。

6. 查看日志和使用调试工具

（1）在 Android Studio 底部的 Logcat 窗口中，可以查看应用的日志输出。

（2）使用 Debug 窗口来查看变量的值、步进执行代码等。

图 书 资 源 支 持

感谢您一直以来对清华版图书的支持和爱护。为了配合本书的使用,本书提供配套的资源,有需求的读者请扫描下方的"书圈"微信公众号二维码,在图书专区下载,也可以拨打电话或发送电子邮件咨询。

如果您在使用本书的过程中遇到了什么问题,或者有相关图书出版计划,也请您发邮件告诉我们,以便我们更好地为您服务。

我们的联系方式:

清华大学出版社计算机与信息分社网站: https://www.shuimushuhui.com/

地　　址: 北京市海淀区双清路学研大厦 A 座 714

邮　　编: 100084

电　　话: 010-83470236　010-83470237

客服邮箱: 2301891038@qq.com

QQ: 2301891038 (请写明您的单位和姓名)

资源下载: 关注公众号"书圈"下载配套资源。

资源下载、样书申请

图书案例

书圈

清华计算机学堂

观看课程直播